家畜繁殖技术手册

刘太宇　主编

中国农业大学出版社

编写人员

主　编　刘太宇

副主编　魏红芳　张桂枝　朱慈祥

编　者　刘太宇　魏红芳　张桂枝
　　　　朱慈祥　史素荣　靳双星
　　　　郑　立　乔宏兴　臧金灿

内容简介

家畜繁殖技术是畜牧业生产中重要的技术环节，家畜数量的增加、质量的提高都必须通过繁殖这一过程来实现。

本书在简述家畜繁殖基本规律的基础上，着力介绍实用先进配套的繁殖技术和繁殖管理规程。全书分家畜的生殖器官、公畜的生殖生理、母畜的发情与排卵、家畜的发情鉴定技术、受精和妊娠、分娩与助产、人工授精技术、发情控制技术、胚胎移植技术和家畜的繁殖障碍等10部分。

本书深入浅出、图文并茂，理论与实践有机结合，原理与经验和谐统一，是现代畜牧养殖企业繁殖技术人员的好帮手，是养殖小区、专业村、专业户提高技术水平的好教材，可作为高等、中等专业学校师生的实践教学参考书，也可供行政领导、乡镇科技人员参考。

目　录

第一章　家畜的生殖器官

第一节　公畜的生殖器官

公畜的生殖器官包括睾丸(性腺)、附睾、输精管、副性腺(前列腺、精囊腺、尿道球腺)、尿生殖道、阴茎与包皮。各种公畜的生殖器官见图 1-1 和图 1-2。

一、睾　　丸

睾丸是公畜的性腺,具有内外分泌双重机能,主要功能是产生精子和分泌激素。

(一)睾丸的形态结构

1. *形态位置*　家畜的睾丸呈长卵圆形。因种类不同动物睾丸的大小、重量差别较大(表 1-1)。猪、绵羊和山羊的睾丸重量与体重的比例大于马、牛和骆驼。

各种家畜睾丸的长轴与阴囊位置各不相同(图 1-1 和图 1-2)。羊、牛睾丸位于前腹股沟区(悬垂腹下后侧,贴近两后腿),长轴与地面垂直;附睾在睾丸的后外缘,头朝上尾朝下。猪睾丸位于肛门下方会阴区,长轴与地面成一定角度(倾斜),前低后高,附睾在睾丸背部,头朝前下,尾朝后上方。鹿的睾丸头向上与附睾头相邻,睾丸尾向下,由附睾韧带与附睾尾连接;后缘与附睾体相近处叫附睾缘,前缘凸出叫游离缘。

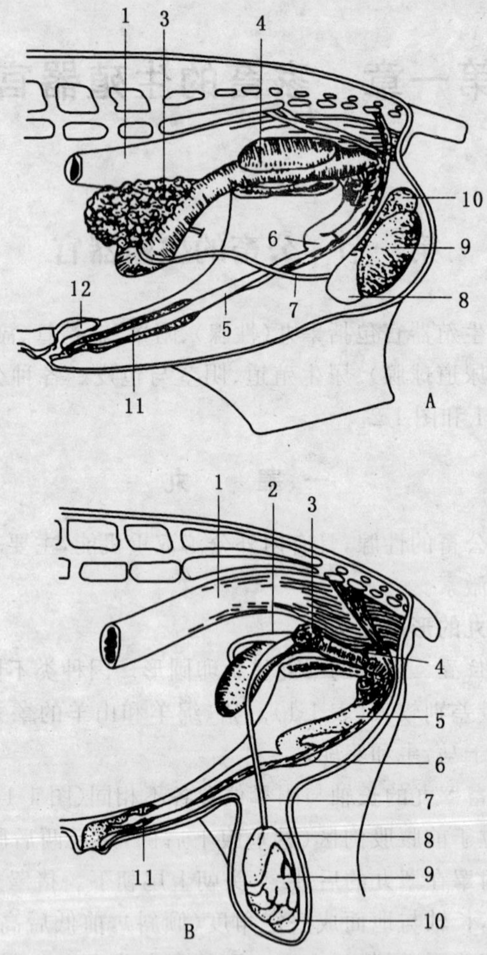

A. 公猪生殖器官　B. 公羊生殖器官

1. 直肠　2. 输精管壶腹　3. 精囊腺　4. 尿道球腺　5. 阴茎
6. S状弯曲　7. 输精管　8. 附睾头　9. 睾丸　10. 附睾尾
11. 阴茎游离端　12. 包皮憩室

图 1-1　公畜的生殖器官

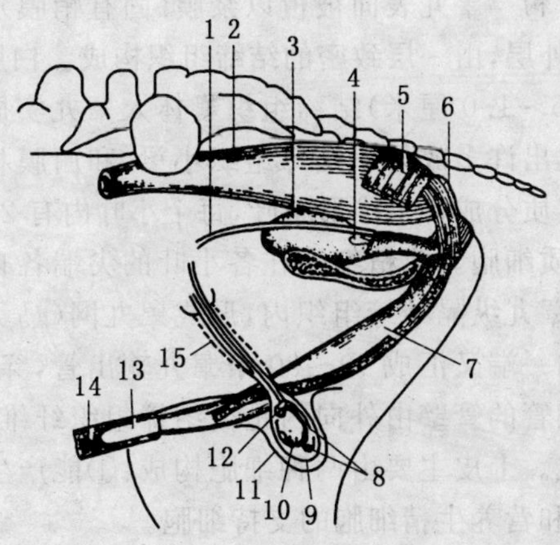

1. 输精管 2. 直肠 3. 膀胱 4. 精囊腺 5. 肛门提肌 6. 肛门括约肌 7. 阴茎 8. 附睾体和附睾尾 9. 鞘膜 10. 睾丸 11. 阴囊皮肤 12. 附睾头 13. 阴茎头 14. 包皮 15. 腹股沟管

图 1-2 公鹿的生殖器官

表 1-1 各种家畜睾丸的重量 克

畜种	两睾丸重量	畜种	两睾丸重量
牛	550～650	马	550～650
驴	240～300	猪	900～1 000
绵羊	400～500	山羊	150
家兔	5～7	犬	30
猫	4～5	鹿	47

在胎儿发育的一定时期，睾丸才由腹腔下降入阴囊内。各种家畜睾丸进入阴囊的时间是：牛、羊在胚胎中期，猪、猫在胎儿期的后 1/4 期。成年公畜时有一侧或两侧睾丸并未下降入阴囊内，称为隐睾。这种情况会影响生殖机能，严重时会导致不育。对于患有隐睾的动物不能留作种用，一般淘汰掉。

2. 组织结构　睾丸表面被覆以浆膜(固有鞘膜),浆膜内为白膜,即睾丸最外层,由一层致密的结缔组织构成。白膜于睾丸头端形成一条(0.5～1.0 厘米)结缔组织囊体入睾丸实质,构成纵隔。纵隔向四周发出许多放射状结缔组织小梁,和白膜相连,称中隔,中隔将睾丸实质分成许多锥形小叶,每个小叶内有 2～5 条曲精细管,其间有间质细胞。曲精细管在各小叶的尖端各自汇合成为直精细管,穿入睾丸纵隔结缔组织内,形成睾丸网(马无睾丸网),最后在睾丸网的一端又汇成 10～30 条睾丸输出管,穿过白膜,形成附睾头。精细管的管壁由外向内是由结缔组织纤维、基膜和复层生殖上皮构成。上皮主要由两种细胞构成:①能产生精子的生精细胞;②支持和营养生精细胞的支持细胞。

(二)睾丸的机能

1. 产生精子　精细管的生精细胞是直接形成精子的细胞,它经多次分裂后最后形成精子。精子随精细管的液流输出,经直精细管、睾丸网、输出管而到附睾。牛每克睾丸组织每天产生精子 1 300 万～1 900 万个,猪每克睾丸组织每天产生精子 2 400 万～3 100 万个,羊每克睾丸组织每天产生精子 2 400 万个。

2. 分泌雄激素　间质细胞能分泌雄激素。雄激素能激发公畜的性欲和性行为;刺激第二性征;刺激阴茎及附性腺的发育;维持精子的发生及附睾内精子的存活。

二、附　　睾

附睾附着于睾丸的附着缘,由输出小管及附睾管组成,是精子暂时的贮存器官,分头、体、尾三部分。

(一)附睾的形态结构

附睾头主要由睾丸输出小管盘曲组成,它们汇合后形成的附睾管构成附睾体和附睾尾,附睾尾过渡为输精管。

(二)附睾的机能

1. 附睾是精子最后成熟的地方　从睾丸曲精细管产生的精子

刚进入附睾头时，颈部常有原生质滴存在，形态尚未发育完全，精子活力微弱，无受精能力或受精能力很低。通过附睾时，原生质滴向末端移行至脱落，达到最后成熟，使之活力增强，且有受精能力。精子的成熟与附睾的物理及化学特性有关。精子通过附睾管时附睾管分泌的磷脂质和蛋白质包被在精子表面，保护精子，防止精子膨胀，抵抗外界环境的不良影响。精子通过附睾时，可获得负电荷，可防止精子凝集。

2.精子的贮存场所 附睾管上皮可分泌营养物质，供精子发育所需。在附睾内，分泌物呈弱酸性(pH 6.2～6.8)，渗透压高，缺乏果糖，温度也较低，精子处于休眠状态，减少了能量消耗，抑制精子活动。因此，精子在附睾内可长期贮存，主要贮存在附睾尾，时间45～90天，但时间过长，精子死亡率、畸形率上升。公牛两侧附睾可存精741亿，54%在尾部。公猪两侧附睾可存精2 000亿，70%在尾部。公羊两侧附睾可存精1 500亿，68%在尾部。

3.运输精子 精子在附睾内缺乏主动运动能力，主要是借助纤毛上皮的活动以及附睾管壁平滑肌的收缩作用使其通过附睾管。精子在附睾中运行时间：牛，10天；羊，13～15天；猪，9～12天。

4.对精子的吞噬和吸收作用 附睾管对精液中可能出现的未成熟、衰老、死亡精子具有分解和吸收作用，主要由附睾上皮和管腔内的巨噬细胞吞噬来完成。

三、输 精 管

输精管由附睾管在附睾尾端延续而来，它与通向睾丸的血管、淋巴管、神经、睾丸提肌等共同组成精索，经腹股沟管进入腹腔，折向后进入盆腔。两条输精管在膀胱的背侧逐渐变粗，形成输精管壶腹部，其末端变细，穿过尿生殖道起始部背侧壁，与精囊腺的排泄管共同开口于精阜后端的射精孔。壶腹壁内富含分支管状腺体，具有副性腺的性质，其分泌物也是精液的组成成分。牛、羊的壶腹部比较发达，猪没有壶腹。输精管可分泌液体并贮存少量精子。输精管的平滑肌较厚，射精时收缩力强，能将精子排送入尿生殖道内。

四、副 性 腺

副性腺是精囊腺、前列腺和尿道球腺的总称。副性腺分泌物及输精管壶腹部的分泌物混合组成精清，与来自附睾尾的精子悬浮液共同组成精液。

(一)精囊腺

精囊腺成对，位于输精管末端外侧。牛、羊、猪的精囊腺为致密的分叶腺，腺体组织中央有一较小的腔。猪的精囊腺特别发达，再加上发达的尿道球腺，所以猪的精液量特别大。公鹿的精囊腺为鸽卵形囊状腺体，腔内有大量乳白色或乳黄色黏稠分泌物，开口于精阜。

精囊腺的分泌物是一种白色或淡黄色的黏稠液体，富含果糖等营养物质，可以供给精子代谢所需的能量。精囊腺还能分泌或浓缩柠檬酸盐、山梨醇、无机磷等物质。这些物质既有缓冲作用，又能刺激精子运动。柠檬酸盐还可以使精清凝结为胶冻状，对射精后防止精液在母畜生殖道内倒流有一定作用。但胶状物长时间与精子接触有危害作用，所以人工授精时应去掉。

(二)前列腺

前列腺位于精囊腺后方，即尿生殖道起始部的背侧。牛、猪、鹿前列腺分为体部和扩散部；羊的仅有扩散部。前列腺为复管状腺，有多个排泄管开口于精阜两侧。

前列腺分泌物稀薄、淡白色，稍具腥味，弱碱性，可以中和进入尿道中液体的酸性，消除精子代谢所产生的二氧化碳，改变精子的休眠状态，使其活动力加强。分泌物中还含有锌、钾、钠、钙的柠檬酸盐、氯化物和果糖(牛、羊)。

(三)尿道球腺

位于尿生殖道骨盆部外侧,开口于尿道管腔。牛、羊的尿道球腺均为一对圆形小体;猪的很大,呈三棱形。鹿的呈球形,随鹿体生殖期变化而有大小变化,在繁殖季节如赤小豆大小,非繁殖季节大小如同小米粒。

猪的尿道球腺分泌黏稠胶状乳白色液体,即精液中的胶质成分。其他家畜的分泌物清亮稀薄。公牛爬跨前从包皮流滴出来的液体即尿道球腺的分泌物,有润滑和冲洗尿道的作用。

五、尿 生 殖 道

尿生殖道为尿液和精液共同的排泄道,起源于膀胱颈末端,终止于龟头,分为骨盆部和阴茎部两部分。骨盆部,由膀胱颈至坐骨弓,位于骨盆底壁,为一长的圆柱形管,外面包有尿道肌。阴茎部,位于阴茎海绵体腹面的尿道沟内,外面包有尿道海绵体和球海绵体肌。在坐骨弓处,左右阴茎脚稍膨大成尿道球。

尿道前上壁形成一个海绵体构成的隆起,即精阜,为输精管末端和精囊腺联合形成排泄管的开口。射精时精阜膨大,封闭膀胱颈口,阻止精液流入膀胱。

六、阴茎和包皮

(一)阴茎

阴茎为雄性的交配器官,主要由勃起组织及尿生殖道阴茎部组成,自坐骨弓沿中线先向下,再向前延伸到脐部。由后向前分为阴茎根、阴茎体和阴茎头三部分。阴茎根借左右阴茎脚附着于坐骨弓外侧部腹侧面,阴茎体由背侧的两个阴茎海绵体及腹侧的尿道海绵体构成,阴茎前端的游离部分即为阴茎头(龟头)。

不同家畜,阴茎形状不同,特别龟头部分差别很大。牛、羊的阴茎较细,在阴囊之后折成S状弯曲。牛的龟头较尖,沿纵轴略呈扭转形，在顶端左侧形成沟，尿道外口位于此处。羊的龟头呈帽状隆突，有一尿道突伸入龟头前方，绵羊的长 3～4 厘米，呈扭曲状细长突起，山羊的较短而直。猪的阴茎较细，在阴囊之前形成 S 状弯曲，龟头呈螺旋形。鹿的呈两侧稍扁的圆柱形体，不形成 S 状弯曲，龟头呈钝圆锥形。

(二)包皮

包皮是由游离皮肤凹陷而发育成的阴茎套。在不勃起时，阴茎头位于包皮腔内。牛包皮较长，包皮口周围有一丛长而硬的包皮毛。猪的包皮腔很长，包皮口上方形成包皮憩室，常积有尿和污垢，有一种特殊的腥臭味。

第二节　母畜的生殖器官

母畜的生殖器官由生殖腺（卵巢）、生殖道（输卵管、子宫、阴道）、外生殖器官（尿生殖前庭、阴唇、阴蒂）组成。卵巢、输卵管、子宫和阴道为内生殖器官，尿生殖前庭和阴门为外生殖器官（图 1-3 和图 1-4）。

一、卵　巢

卵巢是母畜重要的生殖器官，其形态位置因畜种、年龄、发情周期和妊娠而异。

(一)形态位置

1. 形态

(1)牛　卵巢为扁椭圆形，附着在卵巢系膜上，其附着缘上有卵巢门，血管、神经即由此出入。中等大小的母牛卵巢平均长为 3～4 厘米，宽 1.5～2 厘米，厚 2～3 厘米，而羊比牛的圆而小，长 1～1.5 厘米，宽、厚各 0.8～1 厘米。

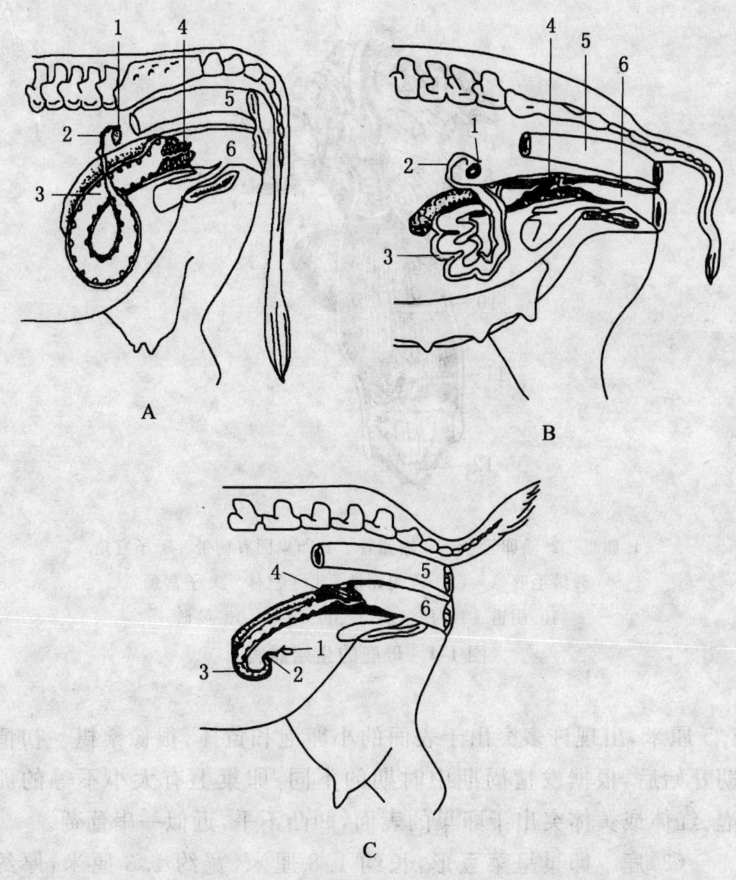

A. 母牛的生殖器官　B. 母猪的生殖器官　C. 母羊的生殖器官

1. 卵巢　2. 输卵管　3. 子宫角　4. 子宫颈　5. 直肠　6. 阴道

图 1-3　母牛、母猪、母羊生殖器官示意图

(2)猪　卵巢的形态及大小因年龄不同而有很大变化，初生仔猪的卵巢类似肾脏，表面光滑，一般是左侧稍大，约 5 毫米×4 毫米，右侧约 4 毫米×3 毫米；接近初情期时，卵巢大约为 2 厘米×

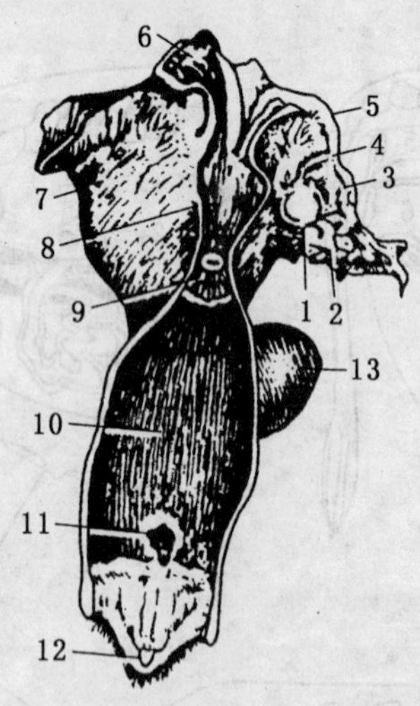

1. 卵巢 2. 输卵管伞 3. 输卵管 4. 卵巢固有韧带 5. 子宫角
6. 绒毛叶阜 7. 子宫阔韧带 8. 子宫体 9. 子宫颈
10. 阴道 11. 尿道前口 12. 阴蒂 13. 膀胱

图 1-4 母鹿的生殖器官

1.5 厘米,出现许多突出于表面的小卵泡和黄体,很像桑椹。初情期开始后,根据发情周期中时期的不同,卵巢上有大小不等的卵泡、红体或黄体突出于卵巢的表面,凹凸不平,近似一串葡萄。

(3)鹿 卵巢呈菜豆形,长约 1.8 厘米,宽约 1.3 厘米,厚约 0.7 厘米,重约 0.8 克,颜色较淡,表面光滑,可见少量 1～3 毫米的卵泡。

2. 位置 牛、羊的卵巢一般位于子宫角尖端外侧,初产及经产胎次少的母牛,卵巢均在耻骨前缘之后。在经产多次的母牛,子宫角因胎次增多而逐渐垂入腹腔,卵巢也随之前移至耻骨前缘的前下方。猪的卵巢位于荐骨岬的两旁,随着胎次的增多逐渐移向前下方。鹿的卵巢系于卵巢阔韧带上，位于子宫角尖端两侧，耻骨前缘附近。

（二）组织结构

卵巢表面被覆有单层立方或低柱状的表面上皮，以后随年龄增长变为扁平状。上皮下为结缔组织构成的白膜。卵巢实质可分为皮质和髓质两部分，两者的基质都是结缔组织。除马类外，都是皮质包在髓质外面。皮质内有许多大小不一、处在不同发育阶段的卵泡，大的卵泡位于卵巢表面。卵泡成熟后将卵子排出；除卵巢门外，卵巢的表面各处均能排卵，但马的排卵处仅限于排卵窝。排卵后血液进入卵泡腔，形成血体（又称红体）。随后，残留在卵泡内的颗粒层细胞和卵泡内膜细胞增殖分化，形成黄体。周期黄体或妊娠黄体退化后，被结缔组织代替，称白体。卵巢髓质部由疏松结缔组织和平滑肌束组成，富含弹性纤维、血管、淋巴管和神经，经卵巢门和卵巢系膜相联系（图 1-5）。

（三）机能

1. 卵泡发育和排卵　卵巢皮质部分布着许多原始卵泡。根据卵巢中卵泡的发育阶段，可将卵泡分为腔前卵泡（包括原始卵泡和初级卵泡）、有腔卵泡（次级卵泡）和排卵前卵泡（成熟卵泡）。卵泡最终排出卵子，排卵后在原卵泡处形成黄体。

2. 分泌激素　在卵泡发育过程中，包围在卵泡细胞外的两层卵巢皮质基质细胞形成卵泡膜。卵泡膜可分为血管性的内膜和纤维性的外膜。内膜可分泌雌激素等。当体内雌激素水平升高到一定浓度，便引起母畜的发情表现。排卵的卵泡形成黄体后，黄体能分泌孕酮，当孕酮浓度达到一定水平时，可抑制母畜发情，因此它是维持妊娠所必需的激素之一。

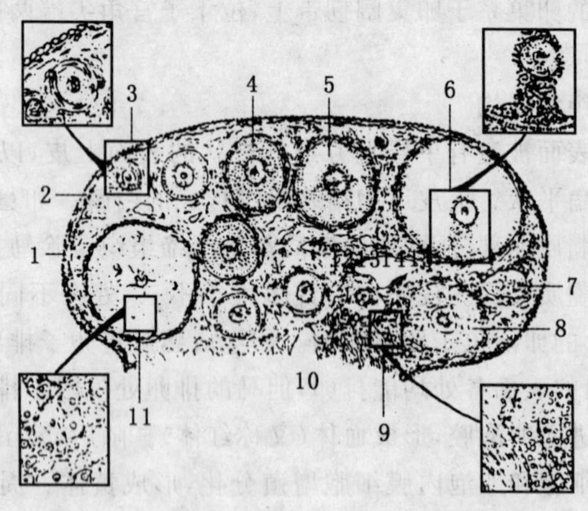

1. 生殖上皮 2. 白膜 3. 初级卵泡 4. 次级卵泡 5. 生长卵泡
6. 成熟卵泡 7. 白体(旧的黄体) 8. 闭锁卵泡
9. 间质细胞 10. 卵巢门 11. 黄体

图 1-5 卵巢的组织构造

二、输 卵 管

(一)形态位置

输卵管是一对细长而弯曲的管道,位于卵巢和子宫角之间,可将卵巢排出的卵子输送到子宫,同时也是卵细胞受精的部位。输卵管被子宫阔韧带分出的输卵管系膜所固定。输卵管系膜与卵巢之间形成卵巢囊,卵巢位于其内。

输卵管可分为漏斗、壶腹和峡三部分。漏斗为输卵管前端接近卵巢的扩大部,漏斗边缘有许多不规则的皱褶,呈花边状,称输卵管伞。漏斗的壁面光滑,脏面粗糙,脏面上有一小的输卵管腹腔口,与腹膜腔相通,卵子由此进入输卵管。输卵管前 1/3 段较粗而弯曲,称壶腹部,为卵子受精的地方。壶腹的后端和峡相通,连接的部分称壶峡连接部。输卵管的后段细而直的部分称输卵管峡部。峡部末端与子宫尖端相连处称宫管结合部。输卵管与子宫角尖端的分界处有的家畜较明显，如马和骆驼，管的末端似小丘状突入子宫角腔内；有的则逐渐移行，无明显界限，如牛、羊、猪和鹿。

(二)组织结构

输卵管的管壁由内向外由黏膜、肌层和浆膜构成。黏膜形成许多纵形皱襞，在壶腹部又分出许多次级皱襞。黏膜被覆柱状上皮，细胞腔面有纤毛，纤毛可向子宫端波动，有助于卵子的运送。纤毛数目及波动强弱受卵巢激素的调节，因此在发情周期中的各阶段有所不同；刚排卵后，纤毛多且波动最强，有利于卵子从输卵管伞进入输卵管腹腔口，并通过壶腹。有的细胞腔面无纤毛，为分泌细胞，分泌的黏液成分主要为黏蛋白及黏多糖，可供给卵细胞营养，其结构及分泌机能也受卵巢激素的调节，接近排卵时分泌最多。肌层主要由内环形或螺旋形平滑肌和外纵形平滑肌组成，具有蠕动及逆蠕动功能，并使管腔发生节段性的扩张与收缩。上述机能具有将卵子和精子向相反方向输送的独特功能。

(三)机能

1.运送卵子　从卵巢排出的卵子先到输卵管伞，借纤毛的活动将其运输到漏斗和壶腹。通过输卵管分节蠕动及逆蠕动、黏膜及输卵管系膜的收缩，以及纤毛颤动引起的液流活动，卵子通过壶腹的黏膜壁被运送到壶峡连接部。

2.精子获能、受精以及卵裂的场所　精子进入雌性动物生殖道后，首先在子宫内获能，然后在输卵管内进一步完成获能的整个过程。另外，卵子的受精和卵裂亦是在输卵管内开始的。

3.分泌机能　输卵管的分泌细胞在卵巢激素的作用下，在不同的生理阶段，分泌的量有很大的变化。发情时分泌增多，分泌物主要为黏蛋白及黏多糖，它是精子、卵子的运载工具，也是精子、卵子及早期胚胎的营养液。输卵管及其分泌物的生理生化状况是精子、卵子正常运行、合子正常发育及运行的必要条件。

三、子　宫

(一)形态位置

子宫是孕育胚胎的器官,借子宫阔韧带附着于腰下部和骨盆腔侧壁。根据形态可将家畜的子宫分为两种类型。牛、羊、骆驼子宫体内腔前部有一纵隔将其分开,称双分子宫。猪、马、鹿子宫腔内无纵隔,称双角子宫。

各种家畜子宫都可分为子宫角、子宫体和子宫颈三部分。子宫角成对,位于子宫前部,呈弯曲的圆筒状,有一大弯和一小弯。小弯及子宫体、颈的两旁是子宫阔韧带附着的部分,也是血管神经出入的地方。与小弯相对的地方为大弯。两角后部会合为子宫体。子宫颈为子宫后端的缩细部,黏膜形成许多皱褶,内腔狭窄,称子宫颈管。管的前端以子宫颈内口与子宫体相通,后端突入阴道内,称子宫颈阴道部,开口称子宫颈外口。子宫颈管平时闭合;发情时稍松弛,精液可进入;妊娠时紧闭,保护胎儿的安全;分娩时扩大,且子宫肌收缩,将胎儿推出体外。子宫颈位于骨盆腔内,背侧为直肠,腹侧为膀胱;大动物在直肠检查时易触摸到。子宫体和子宫角则不同程度地向前伸入腹腔。子宫的形态、大小、组织结构和位置等在妊娠不同时期均发生相应的显著变化,分娩后通过复旧过程而基本复原。

1.子宫角、子宫体

(1)牛　牛的子宫角长 30～40 厘米,角的基部粗 1.5～3 厘米;子宫体长 2～4 厘米。在青年及经产胎次较少的母牛,子宫角弯曲如绵羊角,位于骨盆腔内。经产胎次多的,子宫不能完全恢复原来的形状和大小,所以经产牛的子宫常垂入腹腔。两角基部之间的纵隔处有一纵沟,称角间沟。子宫黏膜有突出于表面的半圆形子宫阜 70～120 个,阜上没有子宫腺,其深部含有丰富的血管。怀孕时子宫阜即发育为母体胎盘。

(2)羊　子宫形态与牛相似，只是较小而已。其特点是：绵羊子宫角的黏膜有时有黑斑。子宫阜在绵羊为80～100个，山羊为160～180个，阜的中央有一凹陷。

(3)猪　子宫角长1.2～1.5米，宽1.5～3厘米，形成很多弯曲，很像小肠，但管壁较厚，两角基部之间的纵隔很不明显；子宫体长3～5厘米，子宫黏膜也形成皱襞，充塞于子宫腔。

(4)鹿　两侧子宫角大小差异较大，左角长约13厘米，直径约2厘米；右角长约15厘米，直径约3厘米。子宫体较短，长约2厘米，直径约3厘米。子宫伪体较长，向后连于子宫颈。

2.子宫颈

(1)牛　子宫颈长5～10厘米，粗3～4厘米，壁厚而硬，不发情时管壁封闭很紧，发情时也是稍微张开。子宫颈阴道部粗大，突入阴道2～3厘米；黏膜有放射状皱襞，经产牛的皱襞有时肥大如菜花状；子宫颈肌的环形层很厚，分为两层，内层和黏膜的固有层，构成4(2～5)个横的新月形皱襞，彼此嵌合，使子宫颈管壁成为螺旋状。环形层和纵形层之间有一层稠密的血管网，所以子宫破裂时出血很多。子宫颈黏膜由两类柱状上皮细胞构成，即具有纤毛的纤毛细胞和无纤毛的分泌细胞。发情时分泌活动增强，但子宫颈部缺乏腺体。

(2)羊　子宫颈阴道部仅为上下两片或三片突出，上片较大，子宫颈外口的位置多偏于右侧。

(3)猪　子宫颈长达10～18厘米，内壁有左右两排彼此交错的半圆形突起，中部的较大，越靠近两端越小。子宫颈后端逐渐过渡为阴道，没有明显的阴道部。因为发情时子宫颈管开放，所以给猪输精时，很容易穿过子宫颈而将输精器插入子宫内。

(4)鹿　子宫颈长约6厘米，子宫颈壁很厚，内腔黏膜形成螺旋状皱褶，子宫颈管窄小。子宫颈的阴道部很明显地突入阴道腔内。

(二)组织结构

子宫壁从内向外由黏膜、肌层和浆膜构成。黏膜厚,由上皮和固有层构成,妊娠时黏膜或其一部分构成母体胎盘,适应胎儿发育的需要。上皮为单层柱状上皮(牛、羊和猪还有假复层柱状上皮),有分泌作用,上皮细胞的腔面有时有暂时性纤毛;黏膜固有层内分布有丰富的分支管状腺,开口于黏膜表面,称子宫腺。牛、羊的子宫阜上无子宫腺。腺上皮为有纤毛及无纤毛的单层柱状上皮细胞,其分泌物对早期胚胎有营养作用。牛、马子宫颈黏膜上无管状腺,只有单细胞的黏液腺(杯状细胞)和有动纤毛的柱状细胞,纤毛可向阴道波动。羊及猪有简单的管状腺。发情时,雌激素可使分泌的黏液增多并且稀薄。黄体期,孕酮则使黏液变为黏稠。子宫颈黏膜上有大量隐窝,精子在其中存活时间较长,是精子的贮存库。黏膜上还有丰富的神经末梢。子宫肌的外层为纵形肌纤维;内层较厚,为螺旋状环形肌纤维。子宫颈肌是子宫肌和阴道肌的附着点,也是子宫的括约肌;其内层特别厚,富有致密的胶原纤维和弹性纤维。

(三)机能

1. 子宫是精子进入生殖道及发育成熟胎儿娩出的通道　发情时,子宫借其肌纤维的有节律的强而有力的收缩作用而运送精液,使精子能通过输卵管的子宫口进入输卵管。分娩时,子宫以其强力阵缩而排出胎儿。

2. 为精子获能提供条件,是胎儿生长发育的场所　子宫内膜的分泌物和渗出物以及内膜生化代谢物,既可为精子获能提供环境,又可为孕体提供营养物质。

3. 调控着母畜的发情周期　在发情季节,如果母畜未孕,在发情周期的一定时期,子宫内膜分泌的前列腺素 $F_{2\alpha}$ 有溶解黄体的作用,之后,在垂体分泌的促卵泡激素等作用下,下一次卵泡波开始发育。

4.子宫颈是子宫的门户　在平时子宫颈处于关闭状态；发情时稍微开张，以便精子进入，同时宫颈可分泌大量黏液，是交配的润滑剂；妊娠时，子宫颈柱状细胞分泌黏液堵塞子宫颈管，防止病菌侵入；将要分娩时，颈管扩张，以便胎儿排出。

5.子宫颈黏膜隐窝是精子的良好贮存库　交配或人工授精后，大量精子停留在子宫颈隐窝内，其后又不断地、成批地被释放出来，并被运送到受精部位，从而保证成功妊娠。

四、阴　道

阴道是雌性动物的交配器官和产道。其背侧为直肠，腹侧为膀胱和尿道。阴道腔为扁平的缝隙。前端有子宫颈阴道部突入其中。子宫颈阴道部周围的阴道腔称为阴道穹窿。后端和尿生殖前庭之间以尿道外口、阴瓣为界。未曾交配过的幼畜（尤其是马、羊）阴瓣明显。牛的阴道长 22～28 厘米，羊 8～14 厘米，猪约 10 厘米，梅花鹿 15 厘米。

阴道在生殖过程中具有多种功能。它除是交配器官外，也是交配后的精子贮存库，精子在此处聚集和保存，并不断向子宫供应精子。阴道的生化和微生物环境能保护生殖道不遭受微生物入侵。阴道通过收缩、扩张、复原、分泌和吸收等功能，排出子宫黏膜及输卵管的分泌物，同时作为分娩的产道。

五、外生殖器官

（一）尿生殖前庭

从阴瓣到阴门裂的短管。前高后低，稍微倾斜，既是生殖道，又是尿道。前庭自阴门下联合至尿道外口，牛的长约 10 厘米，猪 5～8 厘米，羊 2.5～3 厘米，鹿 3 厘米。在前庭两侧壁的黏膜下层有前庭大腺，为分支管状腺，发情时分泌增强。

(二)阴唇

阴唇分左右两片，构成阴门，其上下端为阴门的上下角。牛、羊、猪和鹿的阴门下角呈锐角。两阴唇间的开口为阴门裂，阴唇的外面是皮肤，内为黏膜，二者之间含括约肌与大量结缔组织。

(三)阴蒂

由两个勃起组织构成，相当于公畜的阴茎。海绵体的两个角附着在坐骨弓的中线两旁。阴蒂头相当于公畜的龟头，富有感觉神经末梢，位于阴蒂下角的阴蒂凹陷内。

第二章 公畜的生殖生理

第一节 公畜性机能的发育和性行为

性机能的发育，是从发生、发展至衰老的生理过程，也是动物一生中的自然生长规律，一般分初情期、性成熟期、适配年龄。

雄性性活动属于无条件反射，即为性本能，但外界条件的刺激影响其活动，正由于有此本能，可以在生产中利用，同时通过饲养来提高性机能。

一、初 情 期

从实践的观点来说，公畜初次释放有受精能力的精子，并表现出完整性行为序列的年龄，为公畜的初情期，也可称公畜的“青春期”。

初情期标志着公畜开始具有生殖能力，其繁殖力是较低的，家畜要持续几周，人需 1 年以上，才能达到正常的繁殖水平，称为“青春不育”阶段；初情期也是公畜生殖器官、身体发育最为迅速的生理阶段。根据公畜初情期的以上特点，在生产实践中应在此之前进行公母畜的分群饲养，防止幼畜随意交配和生殖；其次，要特别注意青年公畜的营养需求，充分满足其迅速发育对能量、蛋白质及其他营养元素的需要，为公畜的提早利用和生殖机能的充分发挥奠定良好的基础。

在正常的饲养管理条件下，引进品种的猪、绵羊和山羊的初情期为 7 月龄，牛为 12 月龄。

初情期受生理环境、光照、父母的年龄、品种、杂种优势、环境温度、体重、断奶前后的生长速度等因素的影响。营养水平可调节初情期,饲喂超过正常水平可使公畜的初情期早日到来,而饲喂不足、生长缓慢可推迟初情期。

二、性 成 熟

性成熟是继初情期之后,雄性动物性器官、性机能发育成熟,并具有受精能力的时期。此时,尽管雄性动物具有繁殖后代的能力,但由于机体其他器官和组织尚未发育完善,因此,用于配种还为时过早。否则,容易出现窝产仔数少,后代不强壮或有胚胎死亡的可能。同时,配种过早,还会影响雄性动物今后的发育。各种公畜性成熟和体成熟的时间如表 2-1 所示。

表 2-1 各种公畜性成熟和体成熟的时间

畜种	性成熟(月龄)	体成熟
牛	10～18	2～3 岁
水牛	18～30	3～4 岁
马	18～24	3～4 岁
驴	18～30	3～4 岁
骆驼	24～36	5～6 岁
猪	3～6	9～12 月龄
绵羊(山羊)	5～8	12～15 月龄
家兔	3～4	6～8 月龄
鹿	28～30	2 岁

三、适 配 年 龄

适配年龄是根据公畜自身发育的情况和使用目的人为确定的公畜用于配种的年龄阶段,并不是一个特定的生理阶段。家畜的性成熟较体成熟早，若过早参加配种，会影响公畜的生长发育及配种效果，缩短种用年限，同时也会影响仔畜的生长发育和体质。实践中，一般把公畜的适配年龄在性成熟年龄的基础上推迟数月（猪、羊），甚至1年（牛、马、鹿）。

四、性　行　为

性行为是动物的一种特殊行为表现，而一系列完整的性行为直接关系到配种的成败。

（一）表现形式

由于特殊刺激引起的性反应，可由这些反应再引起另一种反应和刺激，这种现象称为行为链或行为序列。雄性动物的性行为表现一般是定型的，而且按一定的顺序表现出来，大体上是经过性激动、求偶、勃起、爬跨、交配、射精、交配结束。

（二）性行为对繁殖的影响

性行为对雌性动物生殖机能有刺激作用（雄性效应）：①使雌性动物性成熟提早；②使季节性发情的动物出现周期发情和排卵；③使发情动物缩短发情期和提早排卵；④受胎率，如母羊配种后，在接触结扎输精管的公羊后受胎率提高10%。

第二节　精子的发生和形态结构

精子是雄性动物性腺（睾丸）分化出来的特殊细胞。雄性动物到一定年龄，睾丸在垂体分泌的促性腺激素的作用下分泌雄激素，使精子在睾丸中发生。刚从睾丸释放出的精子没有运动和受精能力，需在附睾中，受附睾微环境的pH、渗透压、离子、大分子物质的作用才逐步获得运动和受精能力。

一、精子的形成过程

精子在睾丸内形成的全过程称为精子的发生(即精子在精细管内由精原细胞经精母细胞到精子细胞的分化过程称为精子的发生)。雄性动物出生时,精细管内还没有管腔,在精细胞内只有性原细胞和未分化细胞(即支持细胞)。到一定年龄后(如牛在出生后 8 周开始),精细管逐渐形成管腔,性原细胞开始变成精原细胞,精子发生以精原细胞为起点。精细胞分裂不同于体细胞,即自精原细胞起到最后变成精子,需经过复杂的分裂和形成过程,在此过程中染色体数目减半,细胞质和细胞核也发生明显变化。

(一)精原细胞的增殖

精原细胞可分为三类:①A 型精原细胞,由性原细胞分化而来,由它分裂形成 A_1～A_3 型细胞,少数能分裂成 A_4 型细胞;②中间型精原细胞,由 A_2 或 A_3 细胞分裂而成;③B 型精原细胞,由中间型细胞分裂增殖而成,最后由 B 型精原细胞有丝分裂形成初级精母细胞。

A 型精原细胞是生精细胞的干细胞。一个生精干细胞是通过第一次有丝分裂,产生两个新的 A 型精原细胞,其中一个 A 型精原细胞再分裂产生两个 A 型精原细胞,而另一个 A 型精原细胞则分裂产生两个中间型精原细胞,继而又先后分裂分化形成 B 型精原细胞及初级精母细胞。所以在精原细胞增殖时有一部分 A 型精原细胞不再继续分裂,而是保留下来,成为新的精原干细胞,因此,通过增殖不仅能使精原干细胞不断得到更新,而且能使精原细胞保持一定数量,从而使精子的发生持久地进行下去。这个阶段经历的时间为 15～17 天。

(二)初级精母细胞成熟分裂

初级精母细胞经过第一次成熟分裂,形成两个次级精母细胞,染色体数减半,故称减数分裂。这一阶段历时 15～16 天。

(三)次级精母细胞成熟分裂

次级精母细胞经历的时间很短,很快进行第二次成熟分裂,形成2个精细胞,这个阶段需2天。

(四)精子形成

精细胞不再分裂,而在支持细胞的顶端,靠近管腔经复杂的形态变化,形成蝌蚪状的精子,需10～15天。细胞核变化成精子头的主要部分,高尔基体形成精子的顶体,中心小体逐渐生长成精子的尾部,线粒体聚集在尾的中段形成线粒体鞘膜。细胞的原生质浓缩为一个球形的原生质滴,附着在精子的颈部。从A型细胞起,最终形成了4个精子。

二、精子发生周期和精细管上皮周期

(一)精子发生周期

精子在精细管中,由一个主干精原细胞,即A型精原细胞开始,经增殖、生长、成熟、变形等阶段,最后形成精子,这一过程所需的时间叫精子发生周期。当一个系列的精子发生过程完成之前,在精细管又有几个系列的精子发生。所以在精细管的横切面上,往往可以看到几代重叠的生殖细胞,也就是呈现不同类型的细胞群,构成了特定的细胞组合。

(二)精细管上皮周期

在精细管的固定部位上,每重复出现一次同类型细胞群(同一个特定的细胞组合)的时间过程,称为精细管上皮周期。

(三)二者的关系

精子发生周期是一群细胞变化完成之后,才开始另一群细胞的变化。就某个部位而言,一个精子发生周期中,精细管上皮已经变化数次,所以,一个精子发生周期相当于几个精细管上皮周期。

一般生殖细胞的发育过程有着严格的规律性,据研究,一个精子发生的完全过程从时间上看,相当于4.68个精细管上皮周期。

三、精子的形态和结构

家畜的精子是一种形态特殊、结构相似、能运动的雄性生殖细胞。精子形似蝌蚪，分为头、颈、尾三部分（图 2-1）。

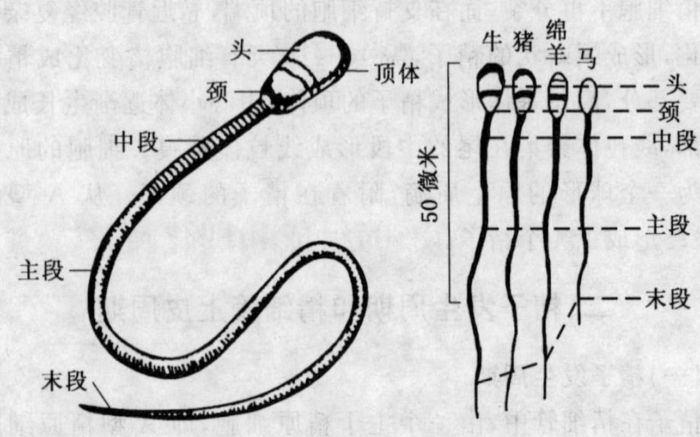

图 2-1 几种家畜精子结构的示意图

(一)头部

家畜精子的头部呈椭圆形。一般长 8 微米、宽 4 微米，厚 1 微米，正面似蝌蚪，侧面似刮勺。精子的头部主要由细胞核构成，内含遗传物质 DNA，染色体的含量为体细胞的一半。核的前部，在质膜下为帽状双层结构的顶体，也称核前帽。顶体内含有多种水解酶，如透明质酸酶和顶体素。酶的活动在受精过程中能促进精子和卵子的结合。顶体被破坏，受精能力随之降低或消失。核后帽包在核后部分细胞膜上，对伊红和溴酚蓝易着色的属于死精子，不易着色的为活精子，因此可以鉴别死活精子。细胞质膜主要含脂蛋白，耐酸不耐碱。

(二)颈部

精子颈部在精子头的基部，连接头部和尾部，由近端中心小体、基粒、厚纤维组成。精子颈部是精子最脆弱的部分，易脱落形成无尾精子。

(三)尾部

精子尾部位于颈部之后，为精子最长的部分，是精子运动和代谢的器官。根据其结构的不同，又分为中段、主段和末段。精子主要靠尾部的鞭索状波动推动精子向前运动。由于精子能量来自尾部中段，头尾脱离或头部有缺陷或损伤的精子仍可能有运动能力。

第三节 精液的组成和理化特性

一、精液的组成

精液由精子和精清两部分组成。精清是由睾丸液、附睾液、副性腺分泌物组成的混合液体。通常牛、羊和鹿的射精量小，而精子的密度很大，猪和马则相反。精液中90%～98%是水分，干物质2%～10%，干物质中蛋白质60%左右，还含无机物、酶等。

二、精清的化学成分及功用

(一)无机成分

阳离子以 K^+ 和 Na^+ 为主，精子内的 K^+ 的浓度比精液的高，而钠和钙的浓度则反之。精清中含适量的 K^+ 可保持精子有活力，如不含钾则丧失活力。钠常与柠檬酸结合，维持精液渗透压，Cl^- 和 PO_4^{3-} 是主要的阴离子。

(二)糖类

精液中含有的糖主要是果糖，而且大多数来源于精囊腺(果糖的分解产物为丙酮酸，并且释放能量，在射精的瞬间给精子能源，射精后很快从精清中消失)。果糖在牛、绵羊、人精液中浓度高，而马、猪、犬则很低。

精液中还含有几种糖醇,而以山梨醇和肌醇为代表,来源于精囊腺。山梨醇可以被精子氧化成果糖,同时也可以由果糖还原而成。肌醇在猪精清中特别多,与柠檬酸相似,都不能为精子直接利用,主要作用是防止精子凝集和维持精液渗透压。

(三)蛋白质和氨基酸

精子中的蛋白质主要是组蛋白,约占精子干重的一半以上,主要在头部与DNA结合构成碱性的核蛋白,并在尾部形成脂蛋白和角质蛋白。

麦硫因是蛋白质的一种产物,属于碱性氨基酸,对精子具有保护作用,主要是抗 Cu^{2+}、过氧化氢对精子活动和糖酵解的破坏作用。

(四)脂类

精液中脂类物质主要是磷脂。在精子中大量存在,主要是在精子表膜和线粒体内,而且尾部多于头部。精清中的磷脂主要是卵磷脂和缩醛磷脂。前列腺是精清中磷脂的主要来源,对精清有营养作用和防止冷休克作用,以延长精子的存活时间。此外,如胆碱及其衍生物甘油磷酰胆碱(牛、猪主要来源于附睾分泌物),不能直接被精子利用,而是当精子与雌性生殖道内的分泌物接触时,才被精子利用。

(五)酶类

精清中出现的酶主要来源于副性腺。如碳酸酐酶、核苷酸酶,是精子的呼吸和糖酵解等代谢活动所必需的酶。蛋白质分解酶、透明质酸酶、顶体素等与受精有关。过氧化氢酶能分解精液中的过氧化氢,过氧化氢在精液中过多积累可破坏精子。谷氨酸-草酰乙酸转氨酶能分解氨基酸。

(六)其他有机物

来源于精囊腺,有有机酸盐、胆固醇、尿素、柠檬酸等。乳酸盐对精液有缓冲作用,维持精液 pH。牛精液含果糖较多,利用后生成乳酸,使精液变成酸性,柠檬酸盐可以中和,使之变成弱碱性,以维持 pH。牛精液中的柠檬酸较多,猪较少,柠檬酸不能直接被精子利用,与钠结合形成柠檬酸盐防止精子凝集,因此牛精子很少凝集,而猪则较易发生。

(七)维生素

精液中含有几种维生素,这和动物本身的营养有关。主要有维生素 B_1、维生素 B_2、维生素 C 等,这些维生素的存在有利于提高精子的活力或密度。

三、精清的生理作用

精清在精液中所占比例与动物的种类和射精量有密切关系,猪 93%、牛 85%、羊 70%。精清的主要生理作用表现为:

(一)稀释精子,扩大精液容量

公畜射精时,来自附睾的浓稠精液,与副性腺分泌物混合稀释,不仅扩大了精液容量,也降低了精液黏滞度,促进了精子的排出和在母畜生殖道的运行。

(二)调整精液 pH,促进精子的运动

射出的精液其 pH 高于附睾内的精液,为中性或弱碱性液体。pH 的提高对于处于附睾内休眠状态的精子具有激活作用,使精子具有正常的运动能力和形式。

(三)为精子提供营养物质

精子主要的营养物质是在其与副性腺的分泌物混合后获得的。精清中的果糖、山梨醇和甘油磷酰胆碱等,都是精子代谢的外源营养物质。

(四)对精子的保护作用

精清中的一些成分对精子有一定的保护作用。如柠檬酸盐和磷酸盐是精液中的重要缓冲物质;另有一些成分可能对防止氧化剂的损害和精子的凝集有一定的作用。

(五)清洗尿道和防止精液逆流

尿道球腺在射精前先分泌,有冲洗和润滑尿道的作用。猪、马、兔、鼠和豚鼠等动物的精清中含有凝固醇,能使精液在射入雌性生殖道后呈凝胶状,是在自然交配时防止精液逆流的天然保护措施。

四、射精各阶段精液组成的变化

同一公畜短期内多次射精可改变精液的质量,而同一次射精的不同阶段精液的组成也会有明显的变化,对于射精量大的家畜猪和马尤为明显。猪的射精过程持续时间长,各部分的组成也不同。第一部分为缺少精子的水样液,占全部射精量的5%~20%;第二部分精子密度最高,常呈乳白色,占30%~50%;第三部分主要是白色胶冻状凝块,占40%~60%。因此,在猪的人工授精中,近些年普遍采用手握法分段采精,只收集第二部分的精液。

牛、羊、鹿等射精时间短,精液量又少的动物,很难在一次射精中区分不同的阶段。有人用电刺激法对牛、羊采精,在富含精子的部分排出前,同样有不含精子的副性腺分泌物排出的现象。

五、精液的理化特性

对精液生物物理学特性的讨论,主要涉及精液的渗透压、pH、比重、透光性、导电性和黏度,为精液的体外处理和保存提供理论依据。

(一)渗透压

精液渗透压通常以渗压克分子浓度(osmolarity,osm)表示。

精液渗透压的种间差异甚小,精清和精液的渗透压是一致的,约为0.324渗压克分子浓度(或用324毫渗压摩尔)。在精液稀释时,稀释液配制应考虑渗透压的要求。

(二)pH

原在附睾内的精子,处于弱酸环境,精子的运动和代谢受到抑制,处于一种休眠状态。射精后,受pH偏高的副性腺分泌物的影响,使精液的pH接近于7.0。若继续在体外停留,可能会受所处的环境温度、精子密度、代谢程度等因素的影响,常常造成pH不同程度的降低。一般情况下,新采出的牛、羊精液偏酸性,猪和马的偏碱性。当精液被微生物污染或精子大量死亡时,由于精子自身的分解,氮的含量增高,会使pH上升。

(三)比重

精液的比重与精液中精子的密度有关。由于成熟精子的比重高于精清,精液的比重一般都大于1。猪和马的精液精子密度较低,其比重略大于1;牛和羊的精子密度显著高于猪、马,其比重也自然比较高。有时精液中未成熟的精子比例过高,其水分含量较大,也会使精液的比重降低。

(四)透光性

精液的透光性主要受精液的混浊度的影响,精子的密度又与精液的混浊度直接相关,因此可通过测定精液的透光能力估测精子密度。近些年,利用光电比色法测定精子密度的方法已广泛使用。

第四节　精子的代谢和运动

精子也和一般生物相似,在其生活期间通常并不中断它的生理机能,尤其是新陈代谢和活力的保存,只是在不同的条件下,由于外界因素的影响,能加速或抑制其新陈代谢机能和活力,如缺氧、低温等,即使在精液冷冻状态下,精子活动虽然停止,但其代谢活动并不绝对停止,否则精子的活力就可以无限保存下来。

一、精子的代谢

(一)糖酵解

糖类是维持精子生命力的必要能源,但本身含量很少,必须依靠精清中外源基质为原料,通过糖酵解过程为其提供能量。精子主要利用的是果糖,所以也叫果糖酵解。

精子不能合成有机物质,也不能贮存有机质,所以在体外活动的环境中,它会不断消耗能量(自身)而衰竭,在保存精液时,应设法供给果糖类或抑制其代谢运动,以延长寿命。

精子分解果糖的能力与精子的密度及活力有关,所以可作为评定精液质量的标准,但与受精力不完全相符,如异常精子(头尾脱离),分解果糖正常,但不具有受精能力。

动物精清中牛、羊含果糖量很高,马、猪含果糖量很少。另外,精清中还含有几种糖醇,如山梨醇和肌醇,其中山梨醇可氧化为果糖被精子利用,肌醇在精清中含量很高却不能被精子利用。

(二)呼吸作用

精子的呼吸也是主要在尾部。有氧时,表现出相当强的呼吸强度。呼吸旺盛,可大量消耗氧和代谢基质,使精子在短时间内力竭而衰。一般用呼吸系数或耗氧量表示,即1亿精子37℃下,1小时所消耗氧的量,家畜一般为5~22微升。

(三)脂类代谢

当精子外源呼吸的基质枯竭时,可通过呼吸作用氧化细胞内的磷脂维持生存,精子先将磷脂分解,产生脂肪酸,再经氧化而获得能量。

(四)蛋白质代谢

在正常情况下,精子不会从蛋白质的成分中获得能量,精子对蛋白质的分解表明精液已经开始变性。

可见,精子能量来源,一是外源糖酵解,二是分解脂类与蛋白质。一般精子的呼吸作用及强度是受一些条件限制的:初射出来的精子耗氧量较大(活力强),随时间的延长呼吸渐弱;温度低,精子耗氧量也相应降低;精子体内的"高能磷酸键"(ATP)物质的利用情况也影响精子的呼吸率;精液 pH 过高、过低都能降低精子的呼吸率。

精子呼吸一是消耗能量,二是产物乳酸对精子有害,缩短存活时间,所以人工授精实践中:尽量减少与空气的接触时间;降低保存温度;提高酸度。

二、精子的运动

运动能力是有生命力精子的重要特征之一。但有生命力的精子未必都有运动的能力。如睾丸内和附睾头内的精子,冷冻保存、酸抑制条件下的精子,往往并不具备运动能力。因而,运动能力和生命力是两个不同的概念。

(一)精子运动形式

精子的运动形式主要有三种。第一种是直线前进运动,精子按直线方向前进运动。第二种是转圈运动,精子按圆作转圈运动。第三种是原地摆动,精子在原地作微弱摆动。其中只有直线前进运动为正常的运动形式,精子才具有受精能力。

(二)精子运动速度

周围液体的性质影响其运动速度。在静止液体中运动没有固定的方向,且运动速度比较慢,在流动的液体中,逆向前进并且运动速度加快。精子在 37℃环境中每秒前进的速度比低于 37℃时的速度快。趋异性,当精液中有异物存在时,精子有向异物边缘运动的趋势。趋化性,精子运动时,有趋向化学物质的趋势。

三、外界因素对精子的影响

(一)温度

在0～5℃时精子往往停止运动,在这个温度精子的代谢、活动力都受到抑制,当温度升高以后,精子又可能恢复运动。0℃时精子能运动。37℃时精子活动相当活泼,但只能维持几个小时。因而在这时,精子活动能力、代谢能力都增强,本身的能量大大消耗。高于体温时,精子运动异常强烈,但很快就死亡。55℃,精子很快就会失去活力,往往使精子蛋白质凝固而很快死亡。低温时,精子的代谢活动受到抑制,当温度恢复时,仍能保持活力,继续进行代谢,这是精液冷冻和低温保存的主要理论依据。

低温保存精液时,在降低温度时要防止温度下降太突然,否则,精子很快就失去活动力,而且精子不能复苏。温度突然下降,使精子受到冷的刺激,产生温度性冷休克,导致精子死亡。造成精子冷休克死亡的原因是:①当精子受到冷休克后,能使ATP迅速破坏,而且不能再使它合成,以致严重影响酵解和呼吸;②精子发生冷休克时精子细胞膜受到破坏,渗透压升高,往往使细胞内的K^+和蛋白质渗出,严重地损害了细胞的结构。防止冷休克的措施:①采取逐渐降温方法;②在稀释液中加入防冷休克物质——卵黄和奶类。

(二)光照和辐射

日光对精液短时间的照射,尽管能刺激精子对氧摄取和活动力,但毕竟是有害的。光线的有害作用,主要是对精子引起光化学反应,产生过氧化氢,引起精子中毒,造成精子死亡,尤其是直射光线。往往在精液中加入过氧化氢酶,以破坏形成的过氧化氢。

紫外线不仅降低精子受精能力,而且可杀死精子。实验室的日光灯对精子有不良影响,X射线也有破坏、杀死精子的作用。

(三)酸碱度

精子在生存过程中,要有一定的酸碱度范围,过高过低对精子的活动都有影响,造成精子死亡。新鲜精液的 pH 为 7 左右,近于中性,可用 pH 试纸或特制的测定仪测知。pH 偏低即弱酸性环境,精子活动受到抑制,呼吸作用、糖酵解作用也降低,此时精子呈假死状态,暂时不活动;pH 偏高即碱性环境中精子活动、呼吸作用、代谢活动都增强,以致容易耗费能量,存活时间不能持久。但超过一定限度均会因不可逆的酸抑制或因加剧代谢和运动而造成精子酸、碱中毒而死亡。对精子适宜的 pH 范围,一般为 6.9～7.3,即介于弱酸到弱碱之间。在精液保存时,常加入一些缓冲剂,如柠檬酸盐、磷酸盐以调整 pH,维持 pH 的相对稳定。

(四)渗透压

渗透压是指精子膜内外溶液浓度不同,而出现的膜内外压力差。在高渗压(高浓度)稀释液中,精子膜内的水分会向外渗出,造成精子脱水,严重时精子会干瘪死亡;在低渗溶液(蒸馏水、常水)中,水会主动向精子膜内渗入,引起精子膨胀变形,最后死亡。精子最适宜的渗透压与精液相等,相当于 324 毫渗压摩尔。一般来说,低渗比高渗危害更大。

(五)离子浓度

离子浓度影响精子的代谢和运动。少量的离子浓度能促进呼吸、糖酵解和运动,大量时对精子的代谢和运动有抑制作用。

电解质对细胞膜的通透性总要比非电解质的弱,因而对渗透压的破坏性较大,并能同时刺激乃至损害精子。含有一定量的电解质对细胞的正常刺激和代谢是必要的,但如果溶液中电解质含量过多,或只含有电解质,例如生理盐水,即使它是精子的等渗液,由于对精子的刺激作用,致使精子运动加快,死亡快。

一般来说,阴离子对精子的损害力要强于阳离子,而且离子之间也有差异。主要是由于阴离子能影响细胞表面的脂类,并可能增多精子的凝集性，这是由于溶液中相对电荷的离子中和细胞表面的电荷，而细胞膜对 Na^+、K^+ 等渗透性很小。

（六）稀释程度

在精液中加入糖类或缓冲剂使渗透压与精子相等时，对精液保存有利。稀释得适当时对精子保存有利，但高倍稀释对精子活力有损害。高倍稀释可破坏精子细胞膜的磷脂物质，另外可改变渗透压。

（七）化学物质

常用的消毒药物，即使浓度很低也足以杀死精子，应避免其与精液接触。但某些抗菌类药物如抗生素和磺胺等，在适当浓度下，不但无毒害作用，而且还可以抑制精液中细菌的繁殖，对精液的保存和延长精子的生存时间十分有利，已成为精液稀释不可缺少的添加剂。

吸烟所产生的烟雾，对精子有很强的毒害作用，在精液处理的场所要严禁吸烟。

第三章　母畜的发情与排卵

第一节　发　情

在雌性动物性机能发育过程中，一般分为初情期、性成熟期及繁殖机能停止期(指停止繁殖的年龄)。此外，为了指导生产实践，还涉及到适配年龄的问题(表 3-1)。

表 3-1　各种雌性动物的初情期、性成熟、适配年龄和繁殖机能停止期

动物	初情期	性成熟	适配年龄	繁殖机能停止期
牛	8～12 月龄(耕牛≥12月龄，奶牛达到成年体重的 45%)	8～14 月龄	1.5～2.0 岁	13～15 岁
水牛	10～15 月龄	15～20 月龄	2.5～3.0 岁	13～15 岁
猪	3～6 月龄	5～8 月龄	8～12 月龄	6～8 岁
绵羊	4～5 月龄	6～10 月龄	1～1.5 岁	8～11 岁
山羊	4～6 月龄	6～10 月龄	1～1.5 岁	7～8 岁
马	12 月龄	12～18 月龄	2.5～3.0 岁	18～20 岁
骆驼	2.5～3.0 岁	3.0 岁	4.0 岁	20 岁
兔	4 月龄	3～4 月龄	6～7 月龄	3～4 岁
猫	6～8 月龄	8～10 月龄	12 月龄	8 岁
鹿		16～18 月龄	2.5～3 岁	10 岁

一、性机能发育

(一)初情期与性成熟

初情期是指雌性动物初次发情和排卵的时期,此时配种便有受精的可能性。初情期动物虽有发情表现,但不完全,发情周期也往往不正常,其生殖器官仍在继续生长发育中。

初情期后,随着年龄的增长,生殖器官发育完全,发情周期和排卵已趋正常,具备了正常繁殖后代的能力,此时称之为性成熟。到达性成熟期的动物,由于此时身体的生长发育尚未完成,故一般不宜配种,否则过早怀孕,一方面会妨碍雌性动物本身的发育,另一方面也会影响胎儿的生长发育,导致后代体重减轻、体质衰弱或发育不良。

(二)体成熟与适配年龄

性成熟后,雌性动物再经过一定时期发育,当机体各器官组织发育完成并具有成年动物固有的外貌特征,称为体成熟。在生产实践中,考虑动物身体的发育成熟情况和经济价值,一般选择在性成熟之后体成熟之前用于繁殖,这个适于开始繁殖的年龄称为适配年龄(或称繁殖年龄)。动物开始配种时的体重一般应达到成年体重的70%左右。

(三)繁殖机能停止期

雌性动物的繁殖能力有一定的年限,年限的长短因品种、饲养管理以及健康状况的不同而异。雌性动物到达老年时,卵巢生理机能逐渐停止,不再出现发情和排卵。家养动物一般在此年龄之前,因已失去饲养价值而多被淘汰。

二、各种家畜的发情征状

雌性动物生长发育到一定年龄后,在垂体促性腺激素的作用下,卵巢上的卵泡发育并分泌雌激素,引起生殖器官和性行为的一系列变化，并产生性欲，雌性动物所处的这种生理状态称为发情。

正常的发情具有明显的性欲，以及生殖器官的形态与机能的内部变化。卵巢上的卵泡发育、成熟和雌激素产生是发情的本质，而外部生殖器官变化和性行为变化是发情的外部现象。正常的发情主要有三方面的征状，即卵巢变化、生殖道变化和行为变化。

(一)卵巢变化

雌性动物发情开始之前，卵巢卵泡已开始生长，至发情前2～3天卵泡发育迅速，卵泡内膜增生，至发情时卵泡已发育成熟，卵泡液分泌增多，此时，卵泡壁变薄而突出表面。在激素的作用下，促使卵泡壁破裂，致使卵子被挤压而排出。

(二)行为变化

发情时由于发育的卵泡分泌雌激素，并在少量孕酮作用下，刺激中枢神经系统，引起性兴奋，使雌性动物常表现兴奋不安、对外界的变化刺激十分敏感，常鸣叫，举尾弓背，频频排尿，食欲减退，泌乳量减少，放牧时常离群独自行走。

(三)生殖道变化

发情时卵泡迅速发育、成熟，雌激素分泌量增多，强烈地刺激生殖道，使血流量增加，外阴部表现充血、水肿、松软，阴蒂充血且有勃起；阴道黏膜充血、潮红；子宫和输卵管平滑肌的蠕动加强，子宫颈松弛，子宫黏膜上皮细胞和子宫颈黏膜上皮杯状细胞增生，腺体增大，分泌机能增强，有黏液分泌。发情前期黏液量少；发情盛期黏液量多，且稀薄透明；发情末期黏液量少且浓稠。

三、异常发情

雌性动物异常发情多见于初情期后、性成熟前性机能尚未发育完全的一段时间内；性成熟以后由于环境条件的异常也会导致异常发情，如劳役过重，营养不良，内分泌失调，泌乳过多，饲养管理不当和温度等气候条件的突变以及繁殖季节的开始阶段。常见的异常发情主要有：

(一)安静发情

安静发情又称隐性发情或安静排卵，是指雌性动物发情时缺乏发情外表征状，但卵巢上有卵泡发育、成熟并排卵。常见于产后带仔母牛或母马，产后第一次发情，每天挤奶次数过多或体质衰弱的母牛以及配种初期和初配的青年母鹿，青年动物或营养不良的动物。引起安静发情的原因是由于体内有关激素的分泌失调所致，例如雌激素分泌不足，发情外表征状就不明显；促乳素分泌不足或缺乏，促使黄体早期萎缩退化，于是孕酮分泌不足，降低了下丘脑中枢对雌激素的敏感性。

(二)短促发情

短促发情是指动物发情持续时间短，如不注意观察，往往错过配种时机。短促发情多发生于青年动物，家畜中乳牛发生率较高。其原因可能是神经-内分泌系统的功能失调，发育的卵泡很快成熟破裂排卵，缩短了发情期，也可能是由于卵泡突然停止发育或发育受阻而引起。

(三)断续发情

断续发情是指雌性动物发情延续很长，且发情时断时续。多见于早春或营养不良的母马。其原因是卵泡交替发育，先发育的卵泡中途发生退化，新的卵泡又再发育，因此产生断续发情的现象。当其转入正常发情时，就有可能发生排卵，配种也可能受胎。

(四)持续发情

持续发情是慕雄狂的一种征状，常见于牛和猪，马也可能发生，表现为持续强烈地发情行为。发情周期不正常，发情期长短不一，经常从阴户流出透明黏液，阴户浮肿，荐坐韧带松弛，同时尾根举起，配种不受胎。

慕雄狂发生的原因与卵泡囊肿有关，但并不是所有的卵泡囊肿都具有慕雄狂的征状，也不是只有卵泡囊肿才引起慕雄狂表现，如卵巢炎、卵巢肿瘤以及下丘脑、垂体、肾上腺等内分泌器官机能紊乱，均可发生慕雄狂。

(五)孕后发情

孕后发情又称妊娠发情或假发情，是指动物在怀孕期仍有发情表现。母牛在怀孕最初 3 个月内，常有 3%～5%的母牛发情，绵羊孕后发情可达 30%。孕后发情发生的主要原因是由于激素分泌失调，即妊娠黄体分泌孕酮不足，而胎盘分泌雌激素过多所致。母牛有时也因在怀孕初期，卵巢上仍有卵泡发育，致使雌激素含量过高而引起发情，并常造成怀孕早期流产，有人称之为“激素性流产”。

四、产后发情

产后发情是指雌性动物分娩后的第一次发情。母猪一般在分娩后 3～6 天之内出现发情，但不排卵。一般在仔猪断乳后 1 周之内出现第一次正常发情。如因仔猪死亡致使母猪提前结束哺乳期，则也在断奶后数天发情。哺乳期也有发情的，但为数甚少。

母牛一般可在产后 40～50 天发情，但本地耕牛特别是水牛一般产后发情较晚，往往经数月甚至 1 年以上，主要是饲养管理不善或使役过度引起的。

母羊大多在产后 2～3 个月发情，不哺乳的可在产后 20 天左右发情。

梅花鹿一般为产后 130～140 天，马鹿一般为产后 115～130 天发情。个别在 8～9 月份，甚至 10 月初产仔的健康壮母鹿，如果仔鹿死亡或断乳，仍可在 11 月 15 日以前发情、受配、妊娠。

五、乏　情

乏情是指已达初情期的雌性动物不发情，卵巢无周期性的功能活动，处于相对静止状态。乏情多属于一种生理现象，而不是由疾病引起的，是一种生理性乏情。例如雌性动物在妊娠、泌乳期间不发情，季节性发情的动物在非发情季节期间不发情，还有营养不良、衰老等引起的暂时性或永久性卵巢活动降低以致不发情等都属于生理性乏情。至于卵巢和子宫一些病理状态引起的不发情，则属病理性乏情，如持久黄体、卵巢机能障碍等。

（一）季节性乏情

动物在进化过程中形成了适宜环境的季节繁殖现象。在非繁殖季节，卵巢卵泡无周期性活动而生殖道无周期性变化。对有繁殖季节的动物，通过改变环境条件（如温度、光照等），可使卵巢机能从静止状态转为活动状态，使发情季节提早到来。但如注射促性腺激素，往往效果不良。

（二）泌乳性乏情

有些动物在产后泌乳期间，由于卵巢周期性活动机能受到抑制而不发情。泌乳性乏情的发生和持续时间，因畜种和品种不同而有很大差异。母猪在哺乳期间，发情和排卵受到抑制，因此在正常情况下母猪是在仔猪断奶后才发情。挤乳乳牛每天挤乳多次比每天挤乳两次的母牛出现发情时间要延长。高产乳牛或哺乳仔数多的，乏情期一般较长。泌乳引起乏情的原因，是由于在泌乳期间过多泌乳刺激，如吮乳或挤乳的刺激而诱发外周血浆中促乳素浓度的升高，而促乳素对下丘脑产生负反馈作用，抑制了促性腺激素释放激素的释放，因而使垂体前叶促卵泡激素（FSH）分泌减少和促黄体素（LH）合成量降低，致使雌性动物不发情。另一方面，泌乳过多会抑制卵巢周期活动的恢复，因而影响发情。

（三）营养性乏情

日粮中营养水平对卵巢机能活动有明显的影响。营养不良可以抑制发情，且对青年动物比成年动物影响更大。如能量水平过低，矿物质、微量元素和维生素缺乏都会引起哺乳母牛和断乳母猪乏情：放牧母牛和绵羊缺磷引起卵巢机能失调，饲料缺锰可导致青年母猪和母牛卵巢机能障碍,缺乏维生素 A 和维生素 E 会出现性周期不规则或不发情。

(四)应激性乏情

不同环境引起的应激,如气候恶劣、畜群密集、使役过度、栏舍卫生不良、长途运输等都可抑制发情、排卵及黄体功能,这些应激因素可使下丘脑-垂体-卵巢轴的机能活动转变为抑制状态。

(五)衰老性乏情

动物因衰老使下丘脑-垂体-性腺轴的功能减退,导致垂体促性腺激素分泌减少,或卵巢对激素的反应性降低,不能激发卵巢机能活动而表现不发情。

第二节 发情周期与各种家畜发情周期的特点

一、发 情 周 期

(一)发情周期的类型

雌性动物初情期以后,卵巢出现周期性的卵泡发育和排卵,并伴随着生殖器官及整个有机体的一系列周期性生理变化,这种变化周而复始(非发情季节和怀孕期间除外),一直到性机能停止活动的年龄为止,这种周期性的性活动称为发情周期。发情周期的计算,一般是指从一次发情的开始到下一次发情开始的间隔时间,也有人以从一次发情周期的排卵期到下一次排卵期的间隔时间作为一个周期。各种动物发情周期的时间因动物种类不同而异,牛、水牛、猪、山羊平均为 21 天,绵羊为 16～17 天,兔 8～15 天,梅花鹿一般为 12～16 天,马鹿为 16～20 天。动物的发情周期可以分为两种类型:

1. 季节性发情周期　这一类型的动物,只有在发情季节期间才能发情排卵。在非发情季节期间，卵巢机能处于静止状态，不会发情排卵，称为乏情期。在发情季节期间，有的动物有多次发情周期，称为季节性多次发情，如绵羊、山羊及鹿等；有的在发情季节期间，只有一个发情周期，称为季节性单次发情，如犬，其发情季节有两个，即春、秋两季，每季只有一个发情周期。

2.无季节性发情周期 这一类型的动物，全年均可发情，无发情季节之分，配种没有明显的季节性。猪、牛、湖羊以及地中海品种的绵羊等属此类型。

动物发情周期之所以有季节性，是长期自然选择的结果。动物在未驯养前，处于原始的自然条件下，只有在全年中比较良好的环境条件下，才能保证所生的幼仔能够存活。例如，马的发情季节为春季，妊娠期为11个月，则分娩季节为春季，有利于幼驹成活；绵羊的发情季节是秋季，妊娠期为5个月，则分娩季节也为春季，有利于羔羊成活。

动物的发情季节并不是不变的，随着驯化程度的加深，饲养管理的改善，其季节性的限制也会变得不大明显，甚至可以变成没有季节性。例如，一般绵羊的发情季节为秋季，但地中海品种的绵羊就无季节性。反之，那些没有发情季节性，终年多次发情的母畜如牛、猪等，如果饲养管理条件长期非常粗放，则发情周期也有比较集中在某一季节的趋势。例如，我国北方牧区的黄牛，仅在夏秋季发情，南方水牛在上半年发情很少，而多集中在下半年发情，尤以8～10月份为多。

(二)发情周期的划分

在动物发情周期中，根据机体所发生的一系列生理变化，可分为几个阶段，一般多采用四期分法和二期分法来划分发情周期的阶段。四期分法是根据动物的性欲表现及生殖器官变化，将发情周期分为发情前期、发情期、发情后期和间情期四个阶段；二期分法是根据卵巢上组织学变化以及有无卵泡发育和黄体存在，将发情周期分为卵泡期和黄体期。

1. 四期分法

(1)发情前期 这是卵泡发育的准备时期。此期的特征是:上一个发情周期所形成的黄体进一步退化萎缩,卵巢上开始有新的卵泡生长发育;雌激素也开始分泌,使整个生殖道血管供应量开始增加,引起毛细血管扩张伸展,渗透性逐渐增强,阴道和阴门黏膜有轻度充血、肿胀;子宫颈略为松弛,子宫腺体略有生长,腺体分泌活动逐渐增加,分泌少量稀薄黏液,阴道黏膜上皮细胞增生,但尚无性欲表现。

(2)发情期 是雌性动物性欲达到高潮时期。此期特征是:愿意接受雄性交配,卵巢上的卵泡迅速发育,雌激素分泌增多,强烈刺激生殖道,使阴道及阴门黏膜充血肿胀明显,子宫黏膜显著增生,子宫颈充血,子宫颈口开张,子宫肌层蠕动加强,腺体分泌增多,有大量透明稀薄黏液排出。多数是在发情期的末期排卵。

(3)发情后期 是排卵后黄体开始形成的时期。此期特征是:动物由性欲激动逐渐转入安静状态,卵泡破裂排卵后雌激素分泌显著减少,黄体开始形成并分泌孕酮作用于生殖道,使充血肿胀逐渐消退,子宫肌层蠕动逐渐减弱,腺体活动减少,黏液量少而稠,子宫颈管逐渐封闭,子宫内膜逐渐增厚,阴道黏膜增生的上皮细胞脱落。

(4)间情期 又称休情期,是黄体活动时期。此期特征是:雌性动物性欲已完全停止,精神状态恢复正常。间情期的前期,黄体继续发育增大,分泌大量孕酮作用于子宫,使子宫黏膜增厚,表层上皮呈高柱状,子宫腺体高度发育增生,大而弯曲分支多,分泌作用强,其作用是产生子宫乳给胚胎发育提供营养。如果卵子受精,这一阶段将延续下去,动物不再发情。如未受孕,母畜在间情期后期,增厚的子宫内膜回缩,呈矮柱状,腺体缩小,腺体分泌活动停止,周期黄体也开始退化萎缩,卵巢有新的卵泡开始发育,又进入到下一次发情周期的前期。

2. 二期分法

(1)卵泡期　是指黄体进一步退化,卵泡开始发育直到排卵为止。卵泡期实际上包括发情前期和发情期两个阶段。

(2)黄体期　是指从卵泡破裂排卵后形成黄体,直到黄体萎缩退化为止。黄体期相当于发情后期和间情期两个阶段。

二、各种家畜发情周期的特点

(一)牛的发情周期特点

1. 发情周期和发情期　青年母牛的发情周期一般较成年母牛短。我国南方水牛不正常的发情周期较多,表现为发情周期太长,因而延迟了配种期,一般也较难受胎。但周期长并非真正为一周期,可能其中出现一个或数个安静发情,因此解决安静发情问题,对于提高水牛繁殖率具有重要意义。

母牛的发情期因季节不同而略有差异,一般为夏季发情较短,春、秋季节较冬季短,营养情况好的较营养状况差的短。

与其他家畜比较,牛的发情期较短,排卵发生在发情停止后10～12 小时。牛的发情行为表现比较明显,黄牛比水牛明显。通常,牛在发情时会爬跨其他母牛或接受其他母牛的爬跨,部分母牛在发情后常有血液随黏液由阴门排出,特别是初情期的母牛多见。

2. 卵巢的变化特点　牛右侧卵巢的排卵几率较左侧卵巢大。发情周期第 10 天左右的黄体达到最大体积,直径为 2.0～2.5 厘米。成熟的黄体为球形或椭圆形,突出于卵巢表面。起初形成的黄体呈红色为红体,至周期第 5 天后变为浅黄色,第 14 天以内为黄色,以后逐渐变为橘红色至紫红色。一般在周期第 15 天左右黄体开始退化。老牛的黄体退化比年轻牛慢,且退化不完全,退化的黄体在卵巢上遗留一个暗红色的残迹,最后被结缔组织所代替变成白体,退化时间有的可长达数月。

水牛在发情周期第10～15天黄体体积达到最大，平均重量为0.72～1.54克，但较奶牛的小，黄体颜色为粉红色，最后变为灰白色。

(二)羊的发情周期特点

羊属季节性多次发情动物，每年发情的开始时间及次数，因品种及地区气温不同而异。例如我国北方的绵羊发情多集中在8、9月份，而我国温暖地区饲养的湖羊及寒羊发情季节不明显，但多集中在秋季。南方地区农户饲养的山羊发情季节也不明显。发情季节初期绵羊常发生安静排卵，但山羊发生安静排卵现象比绵羊少。接近繁殖期时，将公羊与母羊合群同圈饲养，能诱发母羊性活动，使配种季节提前，并缩短产后至排卵的时间间隔。

1.发情周期　绵羊平均为17天(14～20天)，山羊平均为21天(18～23天)。

2.发情期　发情持续期为24～36小时(绵羊)或26～42小时(山羊)。初配母羊发情期较短，年老母羊较长。绵羊的发情征状不明显，仅稍有不安、摆尾，阴唇稍肿胀、充血，黏膜湿润等。山羊发情较绵羊明显，阴唇肿胀、充血，且常摇尾，大声咩叫，爬跨其他母羊等。

绵羊排卵时间一般都在发情开始后20～30小时，山羊排卵时间一般在发情开始后的35～40小时。山羊交配适期一般在发情开始后的25～30小时。交配可使发情期稍为缩短，排卵时间稍提前。排卵数目有种属与品种间的差异。绵羊每次排1个卵子，有的品种排2个或3个卵子，排双卵时两卵平均相隔2小时。山羊一般排1个卵子，但有时排2个，萨能山羊多排2～3个，有的排5个。绵羊在4岁或5岁之前，排卵率随年龄增长而增高，其后随年龄增长而下降，山羊的排卵曲线与绵羊基本相同。

(三)猪的发情周期特点

在正常情况下，母猪全年都有发情周期，无明显的发情季节，但在严寒和酷暑季节，或饲养管理不良时，会暂时不出现发情。

1. 发情周期　平均为 21 天(17～24 天)。发情周期长短，在不同年龄和不同品种间差异不大。

2. 发情期　一般为 2～3 天，品种、年龄、胎次对发情期有一定影响。成年猪发情持续期比青年母猪长；断乳后第一次发情持续期比以后出现的发情长些；夏季较冬季长些。排卵发生在发情开始后 20～36 小时，从排第一个卵子到最后一个卵子的间隔时间为 4～8 小时。每次排卵数目依品种和胎次不同而有差异，一般为 10～25 个，胎次较多者排卵数也较多，5～7 胎的排卵率最高，以后逐渐下降。

(四)鹿的发情周期特点

1. 发情周期　梅花鹿的发情周期一般为 12～16 天，马鹿为 16～20 天。健康、壮龄、体膘好的发情周期稍短，老龄、体膘差的稍长。

2. 发情季节　茸鹿是季节性多次发情的动物。在我国北纬 41°以北地区，茸鹿的发情交配期是每年秋季 9～11 月份，梅花鹿有时可延续到翌年 2～3 月份。梅花鹿的正常发情交配期为 9 月 15 日至 11 月 15 日两个月，旺期为 9 月 25 日至 10 月 25 日约 1 个月时间，在整个发情交配期里，可经历 3～5 个发情周期。马鹿的发情交配期一般为 9 月 5 日至 11 月 5 日，旺期为 9 月 15 日至 10 月 15 日，在整个发情交配期里，可经历 1～3 个发情周期。

3. 发情持续时间　该段时间又分为初期、盛期和末期，其中，盛期指母鹿性欲亢进并接受交配的一段时间。梅花鹿的发情持续时间一般为 24～36 小时，发情经 11～12 小时进入盛期；马鹿为 24 小时左右，发情经 6～7 小时进入盛期。一般有 90%左右的茸鹿是在发情盛期接受交配的，此期交配的受孕率在 95%左右。发情的初期和末期，母鹿一般都拒绝交配。对于初配母鹿的追配和老弱鹿的强配，以及趁母鹿只顾采食草料时的偷配，均属不正常的交配，并且要返情。

第三节　卵泡发育与排卵

一、卵泡发育

(一)卵子的发生

雌性生殖细胞分化和成熟的过程称为卵子发生。卵子的发生过程包括卵原细胞的增殖、卵母细胞的生长和卵母细胞的成熟三个阶段。

1. 卵原细胞的增殖　动物在胚胎期性别分化后，雌性胎儿的原始生殖细胞便分化为卵原细胞。卵原细胞通过有丝分裂，一分为二，二分为四，形成许多卵原细胞，这个时期称为增殖期，或称有丝分裂期。卵原细胞经过最后一次有丝分裂之后，即发育为初级卵母细胞并进入成熟分裂前期，经短时间后，便被卵泡细胞所包围而形成原始卵泡。原始卵泡出现后，有的卵母细胞就开始退化(卵泡发生闭锁)。自此之后，卵母细胞不断产生的同时又不断退化，到出生时或出生后不久，卵母细胞的数量已减少很多。例如，一头牛出生时有 6 万～10 万个卵母细胞，一生中有 15 年的繁殖能力，如发情不配种，每 3 周发情排卵一次，总共排卵数也才 256 个，排卵率仅为 0.2%～0.4%，这还是理论上的最高值，实际上在自然繁殖情况下，由于妊娠等因素排卵数还少得多。由此可见，提高牛的排卵率有很大的潜力，目前采用超数排卵、胚胎移植等新技术，对于提高良种母牛的繁殖力有重大意义。

2. 卵母细胞的生长　卵原细胞经最后一次分裂而发育成为初级卵母细胞并形成卵泡。这个时期的主要特点是：①卵黄颗粒增多，使卵母细胞的体积增大；②透明带出现；③卵泡细胞通过有丝分裂而增殖，由单层变为多层。卵泡细胞作为营养细胞为卵母细胞提供营养物质，为以后的发育提供能量来源。

3. 卵母细胞的成熟　卵母细胞的成熟是经过两次成熟分裂，染色体数目减半。1 个卵母细胞最终发育形成 1 个卵子和 1～3 个极体。

大多数动物在胎儿期或出生后不久，初级卵母细胞进行到第一次成熟分裂前期的双线期就进入持续很久的静止期，这一时期一直持续到排卵前不久才结束。

大多数动物在排卵时，卵子尚未完成成熟分裂。牛、绵羊和猪的卵子，在排卵时只是完成第一次成熟分裂，即卵泡成熟破裂时，放出次级卵母细胞和一个极体，排卵后次级卵母细胞开始第二次成熟分裂，直到精子进入透明带，卵母细胞被激活后，放出第二极体，这时才算完成第二次成熟分裂。大多数家畜，在排卵后 3～5 天，受精及未受精的卵细胞都已运行到子宫，未受精的卵细胞在子宫内退化及碎裂；但母马的卵子，排卵后才完成第一次成熟分裂，同时似乎只有受精才能通过输卵管而进到子宫，未受精的卵子则停留在输卵管内，最后崩解吸收。

(二)卵子的形态和结构

1. 卵子的形态和大小　哺乳动物的卵子为圆球形，凡是椭圆、扁圆、有大型极体或卵黄内有大空泡的，特别大或特别小的都属于畸形卵子。卵子较一般细胞含有多量的细胞质，细胞质中含有卵黄，所以卵子比一般细胞大得多。鸟类胚胎发育的全过程都依靠卵中的卵黄作为营养物质，其卵细胞就更大。高等哺乳动物仅在胚胎发育的早期依赖卵中的卵黄作为营养，所以卵黄的含量很少。不含透明带的卵子直径为 70～140 微米。

2. 卵子的结构　卵子的主要结构包括放射冠、透明带、卵黄膜、卵黄及卵核等部分(图 3-1)。

(1)放射冠　紧贴卵母细胞透明带的一层卵丘细胞呈放射状排列，称为放射冠。放射冠的作用是在卵子发生过程中起到营养

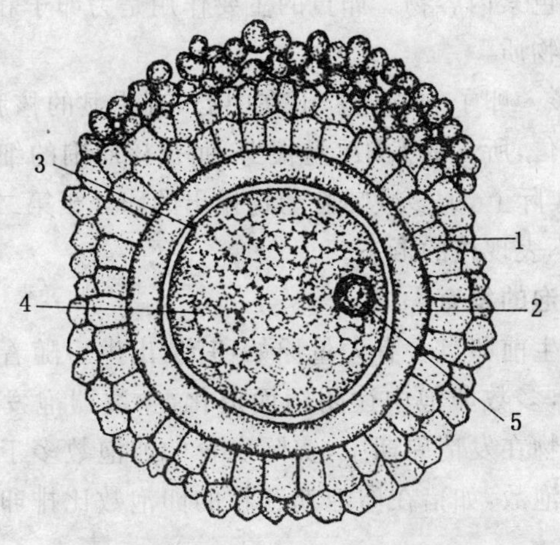

1. 放射冠　2. 透明带　3. 卵黄膜　4. 卵黄　5. 核及核仁

图 3-1　卵子结构模式图

供给和保护作用,有助于卵子在输卵管伞中运行,在受精过程中对精子有引导和定位作用。

(2)透明带　透明带是一均质而明显的半透膜,一般认为它是由卵泡细胞和卵母细胞形成的细胞间质,可以被蛋白分解酶如胰蛋白酶和胰凝乳蛋白酶所分解。其作用是保护卵子,以及在受精过程中发生透明带反应,对精子具有选择作用,可以阻止多个精子入卵,还具有无机盐离子的交换和代谢作用。

(3)卵黄膜　卵黄膜是卵黄外周包被卵黄的一层膜,由两层磷脂分子组成。卵黄膜具有保护卵子完成正常的受精过程,使卵子有选择性地吸收无机离子和代谢产物,对精子具有选择作用等功能。

(4)卵黄　排卵时卵黄占据透明带内大部分容积。受精后卵黄收缩,并在透明带与卵黄膜之间形成卵周隙。成熟分裂过程中卵母细胞排出的极体就存在于此。卵黄内含有线粒体、高尔基体,同时还含有色素内容物。卵黄的主要作用是为卵子和早期胚胎发育提供营养物质。

(5)卵核　卵子的核位置不在中心,有明显的核膜,核内有一个或多个核仁,所含的 DNA 量很少,而在核周围的细胞质中出现 DNA 带。实际上,大多数哺乳动物排出的卵处于第二次成熟分裂的中期,并不表现核的形态。

(三)卵泡的发育

动物出生前卵巢含有大量原始卵泡,出生后随着年龄的增长而不断减少,多数卵泡中途闭锁而退化,少数卵泡发育成熟而排卵。哺乳动物在发情周期中,实际发育的卵泡数多于能达到成熟和排卵的卵泡数,如猪在卵泡期存在的卵泡数比排卵的卵泡数多 2～3 倍。

初情期前,卵泡虽能发育但不能成熟排卵,当发育到一定程度时便退化萎缩。初情期后,卵巢上的原始卵泡才通过一系列发育阶段而达到成熟排卵。卵泡发育从形态上可分为几个阶段,依次为原始卵泡、初级卵泡、次级卵泡、三级卵泡和成熟卵泡(图 3-2)。有的把初级卵泡开始生长至三级卵泡阶段,统称为生长卵泡。有的又根据卵泡出现泡腔与否分为无腔卵泡(或称腔前卵泡)和有腔卵泡(或称囊状卵泡),三级卵泡以前的卵泡尚未出现泡腔,统称为无腔卵泡,而将三级卵泡和成熟卵泡称为有腔卵泡。

1. *原始卵泡*　排列在卵巢皮质外周,其核心为一卵母细胞,周围为一层扁平状的卵泡上皮细胞,没有卵泡膜,也没有卵泡腔。

2. *初级卵泡*　排列在卵巢皮质外围,是由卵母细胞和周围的一层立方形卵泡细胞组成,卵泡膜尚未形成,也无卵泡腔。

3. *次级卵泡*　在生长发育过程中,初级卵泡移向卵巢皮质的中央,这时卵泡上皮细胞增殖,使卵泡上皮形成多层圆柱状细胞,细胞体积变小,称颗粒细胞。随着卵泡的发育,卵泡细胞分泌的液体增多,卵泡体积逐渐增大,卵黄膜与卵泡细胞(放射冠细胞)之间

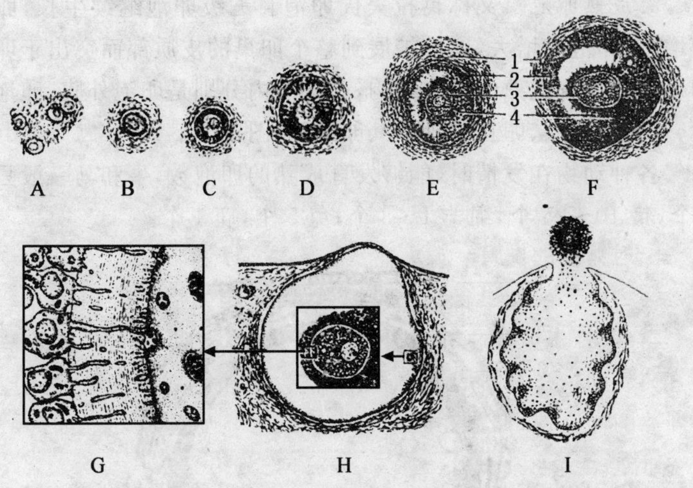

A. 原始卵泡　B. 初级卵泡　C. 次级卵泡　D. 三级卵泡　E. 出现新月形腔隙的三级卵泡　F. 出现卵丘的三级卵泡　G. 卵黄膜的微绒毛部分伸向透明带　H. 成熟卵泡　I. 排卵卵泡

1. 卵泡外膜　2. 颗粒层　3. 透明带　4. 卵丘

图 3-2　哺乳动物的卵泡发育过程示意图

（引自：张忠诚主编. 动物繁殖学. 北京：中国农业出版社，2004）

形成透明带。

4. 三级卵泡　随着卵泡的发育，颗粒细胞层进一步增加，并出现分离，形成许多不规则的腔隙，充满由卵泡细胞分泌的卵泡液，各小腔隙逐渐合并形成新月形的卵泡腔。由于卵泡液的增多，卵泡腔也逐渐扩大，卵母细胞被挤向一边，并被包裹在一团颗粒细胞中，形成半岛突出在卵泡腔中，称为卵丘。其余的颗粒细胞紧贴于卵泡腔的周围，形成颗粒层。在颗粒层外周形成卵泡膜，卵泡膜有两层：其中内膜为上皮细胞，并分布有许多血管，内膜细胞具有分泌类固醇激素的能力；外膜由纤维细胞构成。

5. 成熟卵泡　又称葛拉夫氏卵泡。三级卵泡继续生长，卵泡液增多，卵泡腔增大，卵泡扩展到整个卵巢的皮质部而突出于卵巢的表面。发育成熟的卵泡结构，由外向内分别是卵泡外膜、卵泡内膜、颗粒细胞层、卵丘、透明带、卵细胞（图 3-3）。

各种动物在发情时，能够发育成熟的卵泡数，牛和马一般只有 1 个，猪 10～25 个，绵羊 1～3 个，兔 5 个，鹿 1 个。

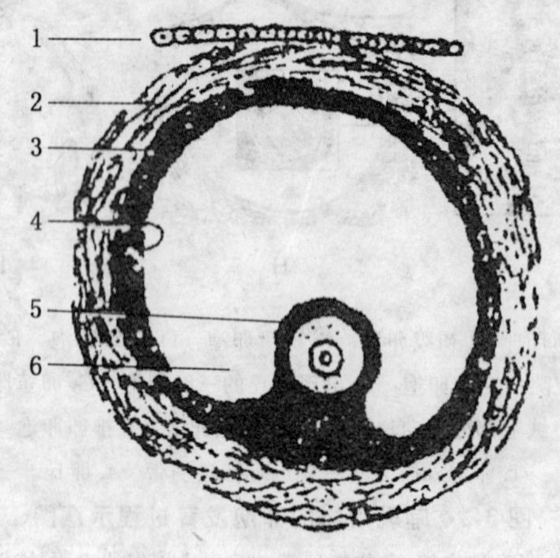

1. 生殖上皮　2. 卵泡外膜　3. 卵泡内膜

4. 颗粒层　5. 卵丘　6. 卵泡液

图 3-3　成熟卵泡结构图

（四）卵泡的闭锁和退化

动物出生前，卵巢上就有很多原始卵泡，但只有少数卵泡能够发育成熟和排卵，绝大多数卵泡发生闭锁和退化。退化的卵泡数出生前较出生后多，出生后是初情期前较初情期后多，因此卵泡的绝对数随着年龄的增长而减少。

卵泡的闭锁和退化，包括颗粒细胞和卵母细胞的一系列形态学的变化，其主要特征是染色体浓缩，核膜起皱，颗粒细胞发生固缩，颗粒细胞离开颗粒层悬浮于卵泡液中，卵丘细胞发生分解，卵母细胞发生异常分裂或碎裂，透明带玻璃化并增厚，细胞质碎裂等。闭锁的卵泡被卵巢中纤维细胞所包围，通过吞噬作用最后消失而变成瘢痕。

闭锁卵泡之所以发生闭锁，可能是由于垂体分泌 FSH 数量不够，或者是卵泡细胞对于 FSH 的反应性差所致。FSH 浓度不够，颗粒细胞通过芳香化酶的活性将雄激素转化为雌激素的作用就减弱，因而雌激素浓度低，加之雄激素对雌激素的拮抗作用，所以卵泡对促性腺激素的反应性差，卵泡就不能充分发育，而在发育到一定阶段时便发生闭锁。由此可见，发动卵泡产生雌二醇以及增加颗粒细胞对雌二醇的反应性，这是防止卵泡闭锁的关键。

二、排卵和黄体形成

(一)排卵类型

大多数哺乳动物排卵都是周期性的，根据卵巢排卵特点和黄体的功能，哺乳动物的排卵可分为两种类型，即自发性排卵和诱发性排卵。

1. 自发性排卵　卵泡发育成熟后自行破裂排卵并自动形成黄体。这种排卵类型所形成的黄体尚有功能性及无功能性之分。一是在发情周期中黄体的功能可以维持一定时间，如家畜；二是除非交配(交配刺激)，否则所形成的黄体是没有功能的，即不具有分泌孕酮的功能，如鼠类中的大鼠、小鼠和仓鼠等未交配时发情期很短，约 5 天，若交配未孕发情周期可维持 12～14 天。

2. 诱发性排卵　通过交配使子宫颈受到机械性刺激后才能排卵，并形成功能性黄体。骆驼、兔、猫等属于诱发性排卵。

(二)排卵的过程

排卵前，卵泡经历着三大变化：①卵母细胞细胞质和细胞核成熟；②卵丘细胞聚合力松懈，颗粒细胞各自分离；③卵泡膜变薄、破裂。所有这些变化都是由于 LH 和 FSH 的释放量骤增并达到一定比例时引起。排卵前卵泡形态与结构发生了一系列的变化。随着卵泡发育和成熟，卵泡液不断增加，卵泡容积增大并凸出于卵巢表面，但卵泡内压并没有提高。突出的卵泡壁扩张，细胞质分解，卵泡膜血管分布增加、充血，毛细血管通透性增强，血液成分向卵泡腔渗出。随着卵泡液的增加，卵泡外膜的胶原纤维分解，卵泡壁变柔软，富有弹性。突出卵巢表面的卵泡壁中心呈透明的无血管区，排卵前卵泡外膜分离，内膜通过裂口而突出，形成一个乳头状的小突起，称为排卵点。排卵点膨胀，许多卵泡把卵母细胞及其周围的放射冠细胞冲出，被输卵管伞接纳。

(三)排卵部位

一般哺乳动物的排卵部位除卵巢门外，在卵巢表面的任何部位都可发生排卵，唯马属动物的排卵仅限于卵巢中央排卵窝处。

在牛、马和绵羊，不管卵巢上有无前次黄体，排卵在两个卵巢可随机发生。很多哺乳动物一般都是两个卵巢交替排卵，但它们的排卵率并不完全相同，如牛右侧卵巢排卵率约为 60%，左侧卵巢约为 40%，产后的第一次排卵多发生在孕角对侧的卵巢上。

(四)黄体形成与退化

成熟卵泡排卵后形成黄体，黄体分泌孕酮作用于生殖道，使之向妊娠的方向变化，如未受精，一段时间后黄体退化，开始下一次的卵泡发育与排卵。

1. 黄体的形成　成熟卵泡破裂排卵后，由于卵泡液排出，卵泡壁塌陷皱缩，从破裂的卵泡壁血管流出血液并积聚于卵泡腔内形成血凝块，称为红体。此后颗粒细胞在 LH 作用下增生肥大，并吸收类脂质——黄素而变成黄体细胞，构成黄体主体部分。同时卵泡内膜分生出血管，布满于发育中的黄体。随着这些血管的分布，卵泡内膜细胞也移入黄体细胞之间，参与黄体的形成，此为卵泡内膜细胞来源的黄体细胞。各种动物黄体的颜色也不一样，在牛、马因黄素多，黄体呈黄色，水牛黄体在发育过程中呈粉红色，萎缩时变成灰色，羊为黄色，猪黄体发育过程中为肉色，萎缩时稍带黄色。黄体是一种暂时性的分泌器官。

2. 黄体类型　在发情周期中，雌性动物如果没有妊娠，所形成的黄体在黄体期末退化，这种黄体称为周期性黄体。周期性黄体通常在排卵后维持一定时间才退化，退化时间牛为 14～15 天，羊为 12～14 天，猪为 13 天，马为 17 天。如果雌性动物妊娠，则转化为妊娠黄体，此时黄体的体积稍大。大多数动物妊娠黄体一直维持到妊娠结束才退化，而马例外，一般维持到妊娠期 160 天左右退化。妊娠黄体退化后，依靠胎盘分泌的孕酮来维持妊娠过程。

3. 黄体退化　黄体退化时由颗粒细胞转化的黄体细胞退化很快，表现在细胞质空泡化及核萎缩，随着微血管退化，供血减少，黄体体积逐渐变小，黄体细胞的数量也显著减少，颗粒层细胞逐渐被纤维细胞所代替，黄体细胞间结缔组织侵入、增殖，最后被结缔组织所代替，形成一个斑痂，颜色变白，称为白体，残留在卵巢上。大多数动物的白体存在到下一周期的黄体期，即此时的功能性新黄体与大部分退化的白体共存。一般的规律是至第二个发情周期时，白体仅有疤痕存在，其形态已不清晰。

黄体退化是由于子宫内膜产生的 $PGF_{2\alpha}$ 作用所致，但最近的资料表明，牛的黄体组织本身也产生 $PGF_{2\alpha}$ 和其他前列腺素。由此看来，黄体的退化并不完全依赖来源于子宫的前列腺素。近年来有试验表明，催产素对牛和绵羊的黄体退化也具有生理作用。离体试验表明，小剂量催产素具有促进黄体作用，大剂量则有溶解黄体的作用。

第四章　家畜的发情鉴定技术

第一节　家畜发情鉴定的方法

发情鉴定是家畜繁殖工作中一项重要技术。通过发情鉴定，可以判断动物的发情阶段、预测排卵时间，以便确定配种适期，及时进行配种或人工授精，从而达到提高受胎率的目的，还可以发现动物发情是否正常，以便发现问题，及时解决问题。

一、外部观察法

此法是各种动物发情鉴定最常用的方法，主要观察动物的外部表现和精神状态，从而判断其是否发情或发情程度。发情动物常表现为精神不安，鸣叫，食欲减退，外阴部充血肿胀、湿润，有黏液流出，对周围的环境和雄性动物的反应敏感。不同的动物往往还有特殊的表现，如母牛爬跨，母猪闹圈等。上述特征表现随发情进程由弱到强，再由强到弱，发情结束后消失。

二、试　情　法

此法是根据雌性动物在性欲及性行为上对雄性动物的反应判断其发情程度（图 4-1）。发情时，通常表现为愿意接近雄性，弓腰举尾，后肢开张，频频排尿，有求偶动作等，而不发情或发情结束后则表现为远离雄性，当强行牵引接近时，往往会出现躲避行为，甚至踢、咬等抗拒行为。

图 4-1　公猪隔栏试情

三、阴道检查法

用阴道开张器插入阴道，借助光源，观察阴道黏膜的颜色、充血程度，子宫颈松软状态，子宫颈外口的颜色、充血肿胀程度及分泌物的颜色、黏稠度及量的多少，来判断发情阶段。

四、直肠检查法

此法主要应用于牛、马等大家畜，因直接可靠，在生产上应用广泛。方法是将手臂伸进母畜的直肠内，隔着直肠壁用手指触摸卵巢及卵泡发育情况，如卵巢的大小、形状、质地，卵泡发育的部位、大小、弹性，卵泡壁的厚薄以及卵泡是否破裂，有无黄体等。通过直肠检查并结合发情外部征状，可以准确地判断卵泡发育程度及排卵时间，以便准确地判定配种适期。但在采用此法时，术者须经多次反复实践，积累比较丰富的经验，才能正确掌握和判断。

五、生殖激素检测法

此法是应用激素测定技术(放射免疫测定法、酶联免疫测定法等),通过对雌性动物体液(血浆、血清、乳汁、尿液等)中生殖激素(FSH、LH、雌激素、孕酮等)水平的测定,依据发情周期中生殖激素的变化规律,来判断动物的发情程度。该法可精确测定出激素的含量,如放免测定母牛血清中孕酮的含量为0.2～0.48纳克/毫升,输精后情期受胎率可达51%,但这种方法所需仪器和药品试剂较贵,目前尚难普及。

六、仿生学法

此法是模拟公畜的声音(放录音磁带)和气味(天然或人工合成的气雾制剂)刺激母畜的听觉和嗅觉器官,观察其受到刺激后的反应情况,判断母畜是否发情。

在生产实践中采用仿生学法对猪进行发情鉴定的试验较多,结果表明,只用压背试验时,发情母猪中仅有48%呈现静立反应;若同时公猪在场,则100%出现静立反应;当公猪不在场,但能听到公猪叫声和嗅到公猪气味,发情母猪中有90%呈现静立反应。用天然的或人工合成的公猪性外激素,在母猪群内喷雾,可刺激发情母猪的静立反应。因此,有人提出在利用公猪气味和声音的同时,再配合有模拟公猪的形象出现,将优化母猪发情鉴定的效果。

七、电测法

即应用电阻表测定雌性动物阴道黏液的电阻值来进行发情鉴定,以便决定最适当的输精时间。用黏液电阻法探索雌性动物变化的研究开始于20世纪50年代,经反复研究证实,黏液和黏膜的总电阻变化与卵泡发育程度和黏液中盐类、糖、酶等的含量有关。一般地说,在发情期电阻值降低,而在周期其他阶段则趋升高。

八、生殖道黏液 pH 测定法

雌性动物周期中，生殖道黏液 pH 呈现一定的变化规律，一般在发情盛期为中性或偏碱性，黄体期偏酸性。母牛子宫颈液 pH 在 6.0～7.8，经产母牛 pH 在 6.7～6.8 时输精受胎率最高，处女牛的 pH 在 6.7 时输精受胎率最高。长白、大白和汉普夏三个品种猪在发情开始的当天，阴道黏液的 pH 大于 7.3，发情盛期为 7.2，妊娠期小于 7.2，在 pH 为 7.2～7.3 时输精，三个品种猪情期受胎率分别为 93.8%、96.7% 和 92.3%。小母猪在其 pH 为 7.2～7.3 时输精，情期受胎率较高。

测定生殖道黏液 pH 似乎不能明显区别发情周期的各阶段，但是在一定 pH 范围内输精的受胎率较高，因此在发情周期的表现正常时，具有发情表现，再测 pH 更有参考价值。

第二节　各种母畜的发情鉴定

各种动物的发情特征，有其共性，也有特异性。因此，在发情鉴定时，既要注意共性方面，还要注意各种动物的自身特点。

一、牛的发情鉴定

母牛发情时外部表现比较明显且有规律性，发情持续期较短，因此，母牛的发情鉴定主要用外部观察法，必要时结合直肠检查法进行。

(一)外部观察法

母牛进入发情期以后，精神变得敏感不安，食量减少，反刍时间缩短，常常鸣叫，主动追寻公牛。互相爬跨较为频繁，发情初期多爬跨其他母牛，一到发情的后期，则较多接受其他牛的爬跨。被爬跨时多站立不动，并常张开后腿和弯腰弓背，表现愿意接受交配的姿势(图 4-2)。

发情母牛的外阴部明显充血变大,皱纹消失,阴道黏膜潮红有光泽。发情初期有大量稀薄透明分泌物从外阴部排出,黏性大而能拉成长丝,到发情后期,分泌物量少且黏性小,不能成丝。再后转为乳白色,似浓乳状,拒绝公牛接近和爬跨,这是发情停止的征状。发情前期由于雌激素的作用,子宫及阴道黏膜充血,进入排卵期以后,雌激素的作用逐渐衰减,微血管破裂而出血,这种现象多数出现在发情期以后 1～3 天,青年母牛较老年母牛更为多见。

图 4-2 母牛发情行为表现

(二)直肠检查法

将母牛保定于六柱栏中,尾巴拉向一侧,清洗阴户。检查者剪短指甲并磨圆,以防损伤肠壁,手臂清洗涂抹肥皂以润滑。检查者站于母牛身后,手呈锥形,轻轻插入直肠,缓缓向里推进(图 4-3)。手伸入直肠后,如有宿粪可用手指扩张肛门,使空气进入,促进宿粪排出,如未排出,可用手轻轻地少量而多次地掏出,以排尽宿粪。手伸入直肠达骨盆腔中部,将手掌展平向下压肠壁,可触摸到一个质地坚实较硬的子宫颈,用拇指、中指和无名指握住子宫颈。沿子宫颈向前触摸,在子宫体的前下方有一纵行的凹沟,即子宫间沟。再向前触摸,可摸到分叉的圆柱状即为一对子宫角,沿子宫角大弯向外侧下行,即可摸到呈扁圆形,柔软而有弹性的卵巢。

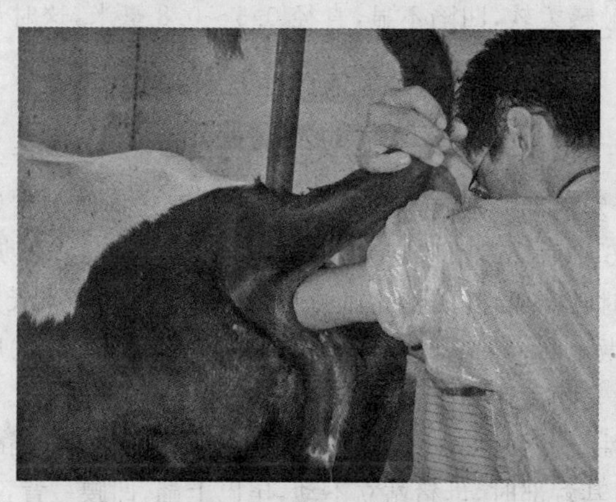

图 4-3　母牛直肠检查

母牛在休情期,一侧卵巢较大,能触到一个枕状的黄体凸起于卵巢的一端;当母牛进入发情期以后,则能触到有一黄豆大的卵泡存在,这个卵泡由小到大,由硬到软,由无波动到有波动。由于卵泡发育,卵巢体积变大,直肠检查时易摸到。母牛卵泡发育可分为以下四个阶段。

第一期(卵泡出现期):卵巢体积稍微增大,卵泡的直径为0.5～0.75 厘米,触之能感觉到卵巢上有一个软化点。这一期持续约 10 小时。母牛开始出现发情的外表征状。

第二期(卵泡发育期):卵泡直径 1～1.5 厘米,呈小球状,波动明显。这一期持续 10～12 小时。

第三期(卵泡成熟期):卵泡体积不再增大,但卵泡壁变薄,紧张性增强，有一触即破的感觉。这一期持续6～8小时，发情征状明显。

第四期（排卵期）：母牛往往在兴奋消失后10～15小时卵泡开始破裂，泡液流失，泡变为松软，是一凹陷。排卵以后6～8小时红体形成，触感柔软，凹陷不显，直径0.5～0.8毫米，这时母牛即进入休情期。

二、猪的发情鉴定

母猪发情期一般持续2～3天（1～4天），排卵多在发情开始后24～26小时。发情鉴定多采用外部观察法。发情初期，母猪表现不安，时常鸣叫，外阴稍充血肿胀，食欲减退，约经半天后外阴充血明显，微湿润，喜欢爬跨其他母猪，也接受其他母猪的爬跨。以后母猪的交配欲达到高峰，这时阴门黏膜充血更为明显，呈潮红湿润，慕雄性十分强烈，如有其他猪爬压其背部，则出现静立反应。用手按压其背部时，母猪站立不动，尾巴上翻，凹腰弓背，用手臂向前推动母猪，它不仅不逃脱，反而有向后的反作用力。有时以其臀部顶碰公畜，这时即进入发情的盛期。此后母猪交配欲渐渐降低，外阴黏膜充血肿胀消退，阴门变得较干，淡红微皱，分泌物减少，喜欢静伏，表现迟滞，这时即为配种或输精的适期。

对个别发情征状不明显的母猪，可采用手压母猪的背部并观察其有无"静立反应"。还可配合试情的方法，进行发情鉴定。

三、羊的发情鉴定

绵羊发情的持续时间较短，外表征状较不明显。因此，在群牧情况下，多采用试情进行发情鉴定。试情公羊应在使用前1个月结扎输精管，与母羊的比例以1∶40为宜。试情公羊在整个配种期应和母羊分隔饲养，每天仅在早晚各放入母羊群中1次。正处于发情期的母羊见试情公羊入群后，会主动接近公羊，频频摆尾，驯服地接受公羊挑逗或爬跨。发情母羊有时也接受其他母羊的爬跨，但一般不主动爬跨其他母羊。有的频繁走动和鸣叫，不安心采食。外阴肿胀不明显，黏液量很少。外阴黏膜常常充血潮红，稍为膨大。母羊发情持续期平均24～48小时，哺乳母羊略短，毛用品种比肉用品种的持续期长。排卵多出现在发情征状刚结束时或发情出现以后20～33小时。

奶山羊的发情持续期平均为1.5天(1～2天)，山羊发情表现鸣叫，兴奋不安，摇尾，外阴红肿并流出黏液，出现一时性食欲减退和泌乳量下降，喜接近公羊。当接触公羊时表现呆立不动。

四、鹿的发情鉴定

(一)直接观察法

根据雌鹿的发情表现，确定其发情状态。在繁殖季节应有专人每天定时多次仔细观察，并做好记录，尤其早晚时间，每次2小时左右，以了解发情变化的全过程，准确认定。母鹿发情初期兴奋不安，游走、吧嗒嘴，有的鸣叫，对公鹿直视引逗，但拒配。发情盛期驻立不动，举尾、弓腰、接受爬跨，有的泪窝开张，阴门肿胀、带有蛋清样黏液，摆尾频尿，嗯嗯低呻爬跨公鹿或其他母鹿。发情末期，边吧嗒嘴边逃避公鹿追逐，变得安静、喜卧，阴门口黏液变少、黏稠，颜色从橙黄色、茶色到褐红色，并多粘连在阴毛上。

(二)试情法

根据雌鹿对所放进的试情雄鹿的性行为反应来判断其发情与否和发情时期，该方法准确可靠，是进行人工授精时必须采用的。在配种期间，每天定时将试情雄鹿放入雌鹿舍内，让雄鹿自由接触雌鹿，雌鹿站立不动，接受雄鹿爬跨和交配即为发情。

1.试情布法　取长5厘米，宽3厘米的细软白布一条，四周缝上布带，拴在试情雄鹿腰部，兜住阴茎，使精液射在试情布内，但不影响雄鹿爬跨与射精。该方法简便实用，可随时更换雄鹿，但要注意检查试情布的位置，及时调整，以防移动。

2. 雄鹿输精管结扎法　用手术方法将试情雄鹿的输精管结扎或切断，雄鹿的性欲、爬跨和射精正常，但无精子。此方法安全，需要手术，雄鹿射精后易疲劳，性欲有所降低，替换雄鹿机会少。

3. 雄鹿阴茎移位法　用手术将试情雄鹿阴茎向左或右移动，使其在交配时阴茎不能插入雌鹿的阴道内，此方法可保持雄鹿性欲旺盛。

4. 正常雄鹿试情法　用正常雄鹿作试情鹿，但看管要严，若看管不严或拨赶不及时就有交配的可能。选择试情雄鹿时，要选1岁年轻雄鹿，睾丸大，性欲旺盛。在雌鹿圈内放入专用试情雄鹿，只要雌鹿接受雄鹿爬跨就是发情，不必看到交配，可节省试情雄鹿的体力。及时将发情雌鹿拨到选定的雄鹿舍内与其交配，或将预选雄鹿拨入雌鹿圈内与之配种，受配雌鹿单独组群，用一头试情雄鹿试情。对试情雄鹿加强营养，多喂青绿饲料和刺激性欲的饲料，如大葱、胡萝卜、大麦芽等。

(三)直肠触摸法

将雌鹿圈定，手通过直肠壁轻轻触摸卵巢并判断其大小、形状和上面的卵泡的形态变化，以便更准确地确定雌鹿卵泡发育所处时期，及时输精配种。触摸卵巢前，要保定好母鹿，术者将指甲剪短磨光，清洗手臂，涂上润滑剂，先缓慢排出宿粪，然后沿子宫颈、子宫体、子宫角轻轻地触摸直至摸到卵巢。母马鹿未发情时，卵巢一般呈椭圆形、稍扁，硬而无弹性，体积小于指肚大，个别的如黄豆粒大小。在发情期间，卵泡由小变大，由硬变软，从无波动到有波动，这种变化在卵泡发育的不同阶段差异明显，易做出判断。卵泡发育分为卵泡出现期、卵泡发育期、卵泡成熟期和排卵期。卵泡出现期：卵巢稍增大，小指肚大小，母鹿表现不安定。卵泡发育期：卵巢体积大如无名指肚大小，稍有弹性，母鹿频尿，拒绝爬跨。卵泡成熟期：卵巢如中指肚大小，卵泡壁薄有弹性，波动明显，此期母鹿接受爬跨,是配种的最佳时期。排卵期:卵泡破裂,卵巢凹陷,母鹿拒绝爬跨。排卵后,黄体形成并略突出于卵巢表面,呈扁圆形。此法判断母鹿是否发情准确可靠,但需要一定技术和经验,所以,最好将以上几种方法结合起来,效果更佳。

第五章 受精和妊娠

第一节 受 精

精子进入卵母细胞，两者融合成一个合子的生理过程称为受精。

一、配子的运行

在自然情况下，大多数动物的受精发生在母畜输卵管壶腹部。精子从射精部位到达受精部位，以及卵母细胞从卵泡排出，进入输卵管到达受精部位的过程，均称为配子的运行。

了解精子在母畜生殖道内运行及其保持受精能力的时间，以及卵母细胞在输卵管内运行及其保持受精能力的时间，对掌握适当的配种时间和提高受胎率具有重要的意义。

(一)精子在母畜生殖道内的运行

1. 射精部位　牛和羊交配时精液射在阴道内子宫颈口的周围，称为阴道射精型。猪交配时，阴茎可进入子宫颈，有时甚至可到达子宫角内；马属动物交配时，膨大的阴茎龟头可将松弛的子宫颈外口覆盖，将精液直接射入子宫，两者都称为子宫射精型。

2. 精子运行的过程

(1)精子进入子宫颈。母畜子宫颈上皮有两种细胞：一种是分泌细胞，主要功能是分泌黏液；另一种是纤毛细胞，它们在子宫颈管腔端有纤毛。发情母畜在雌激素的作用下，分泌细胞分泌大量稀薄黏液，黏液中的黏蛋白排成纵行，纤毛细胞的纤毛摆动使黏液由前向后流动,精子便在黏蛋白纵行的行间利用尾部的摆动前进。排卵后,在孕酮的影响下,子宫颈黏液中的黏蛋白分子结构变卷曲,分子间水分减少而变得黏稠,使精子难以通过。

子宫颈是阴道射精型动物精子进入母畜生殖道的第一道生理屏障。屏障的作用是阻止衰老或畸形精子通过,而被子宫颈黏膜的绒毛颤动排回阴道,或被白细胞吞噬,起到对精子的初步筛选作用。子宫颈管内有许多隐窝,对精子起暂时贮存作用,具有缓慢释放精子,起到精子库的作用。因此,子宫颈也是阴道射精型动物的精子进入母畜生殖道后的第一个精子库。

(2)精子进入子宫。发情母畜在雌激素、前列腺素(来自精清)、催产素(经交配刺激后由垂体后叶释放)和少量孕酮的协同作用下,子宫肌发生强烈的间歇性收缩,这种收缩是由子宫颈向子宫角、输卵管方向的逆蠕动。交配时这种逆蠕动力量更为强烈,子宫肌肉的收缩,推动子宫内液体的流动,促使子宫内的精子向宫管结合部运行。牛、羊交配后约经 15 分钟即可在输卵管壶腹部出现少量精子;猪需 2 小时才有少量精子到达这个部位。

宫管结合部是阴道射精型动物的精子进入母畜生殖道的第二道生理屏障,也是第二个精子库。对子宫射精型动物,则是第一道生理屏障和第一个精子库。此处可连续 24 小时使活动的精子源源不断地向输卵管输送。在发情时牛的宫管结合部收缩紧闭,限制了大量精子通过,只有生命力强的精子才能进入输卵管。宫管结合部还能限制异种动物的精子通过。

(3)精子进入输卵管。输卵管有同时输送精子与促使卵子向相反方向前进的功能。精子在输卵管中的运行主要受输卵管的蠕动与逆蠕动的影响。当精子通过输卵管峡部进入壶腹部,两者连接处即为壶峡连接部,峡部也是暂时性精子库。壶峡连接部可限制精子进入壶腹部,防止多精子受精。

在交配(授精)时,虽然有大量的精子进入母畜生殖道,但通过以上三道屏障后，精子在母畜生殖道内分布很不均匀，阴道内多于子宫内，子宫内多于输卵管内。越接近受精部位精子越少，最后到达输卵管壶腹部的精子只有数十个至数千个。猪、牛的精子获能部位主要是在输卵管。

3. 精子在母畜生殖道内的存活时间与维持受精能力的时间 精子在雌性生殖道内的存活时间大致为1～2天。它在雌性生殖道内保持存活能力的时间一般是很短的，牛为15～56小时，羊24～48小时，猪50小时，马144小时。维持受精能力的时间比存活时间要短些，牛28小时，绵羊30～36小时，猪24小时，马5～6天。

(二)卵细胞在输卵管内的运行

1. 卵母细胞的接纳 母畜排卵时，在雌激素-孕酮比值变化所引起的激素作用下，输卵管伞部充血而撑开呈伞状，依靠输卵管系膜肌层的收缩作用而紧贴于卵巢表面。同时，卵巢固有韧带的收缩，使卵巢发生一种环绕其本身纵轴往返的缓慢旋转活动，从而便于输卵管接纳排出的卵母细胞。输卵管伞黏膜上的纤毛波动能够形成液流，使卵母细胞进入喇叭口。

2. 卵母细胞运行的过程 卵母细胞由输卵管漏斗向子宫方向运行，主要依靠输卵管上皮细胞纤毛摆动、壶峡连接部和宫管结合部的收缩活动。这些生理活动主要受卵巢激素的调节。

3. 卵母细胞保持受精能力的时间 卵母细胞保持受精能力的时间要比精子短得多。卵母细胞进入输卵管峡部时，就丧失了受精力，进入子宫的未受精卵母细胞，在几天之内就崩解而被吸收，或被白细胞吞噬。

二、受精前的准备

受精开始于获能精子进入次级卵母细胞（马属动物为初级卵母细胞）的透明带，结束于雌原核与雄原核的染色体组合在一起，成为一个单一的合子细胞。

受精不但使卵母细胞因被精子激活而完成减数分裂，而且使合子发生卵裂。合子是新个体的第一个细胞，是新生命的开始。合子具有父母双方各半的遗传物质——染色体。这种结合在自然选择中，可以促进物种的进化。

(一)精子的获能

哺乳动物的精子在母畜生殖道中经一定时间，精子膜发生生理生化的变化，获得与卵母细胞受精能力的过程，称为精子获能。获能是精子受精前的生理成熟。哺乳动物的精子必须先经获能，才能在接近卵母细胞透明带时发生顶体反应。

1. 精子获能的部位　最早的实验从母兔子宫内取得获能精子。其后，从输卵管峡部取到猪、牛等动物的获能精子。体外实验证明子宫液、卵泡液或其他组织液均可使精子获能，但这种获能不如在输卵管内那样完全。因此，可认为精子在子宫内开始获能，而在输卵管内完成获能，但不同的动物，精子获能的部位有差异。猪、牛的精子获能部位主要在输卵管。

2. 精子获能的可逆性　已获能的精子如再培养于精清中，可发生失能，失去与卵子受精的能力。失能的精子培养于输卵管液、卵泡液或人工配制的获能制剂中可再次获能。表明精子的获能有可逆性。

3. 精子获能所需时间　在自然情况下，交配发生在发情期，而排卵发生于发情末期或发情结束之后，在这一段时间内，精子早已通过母畜生殖道而到达受精地点，如遇卵母细胞，即可发生受精。由此可见，精子也就在通往受精部位的这一段时期内完成获能。估计家畜一次射精的精子陆续获能所需时间为 1.5～6 小时。

(二)卵母细胞受精前的变化

对于家畜来说，猪和羊排出的卵子为刚刚完成第一次成熟分裂的次级卵母细胞;马和犬排出的卵子仅为初级卵母细胞,尚未完成第一次成熟分裂。它们都需要在输卵管内进一步成熟,达到第二次成熟分裂的中期,才具备被精子穿透的能力。卵子在输卵管期间,透明带和卵黄膜表面也可能发生某些变化,如透明带精子受体的出现,卵黄膜亚显微结构的变化等。

三、受 精 过 程

精子在到达受精部位之前依靠输卵管的蠕动,一旦到达受精部位后则主要依靠本身的趋向性活动来接近卵母细胞。同时卵母细胞也能释放一种氨基多糖类的物质,诱发精子的顶体反应,并与精子释放的相关酶系发生反应。

(一)精子穿过放射冠

受精前有大量精子包围着卵细胞。当精子穿过卵丘时,精子头部质膜和顶体外膜发生了复杂的膜融合,并形成小泡,从小泡之间的孔隙内释放出透明质酸酶和放射冠酶,在这些酶的共同作用下,使精子顺利地通过放射冠细胞而到达透明带的表面。

顶体形成的小泡和顶体内酶的激活与释放,被称为“顶体反应”。因透明质酸酶和放射冠酶不具有种间特异性,因此放射冠对精子没有选择性,不同动物的精子所释放的透明质酸酶均能溶解放射冠。

(二)精子穿过透明带

进入放射冠的精子,顶体发生改变和膨胀,当精子与透明带接触时,即失去头部前端的质膜及顶体外膜。在穿入透明带之前,精子与透明带有一段附着结合过程,此期间经历了前顶体素转变为顶体酶的过程。顶体酶将透明带的质膜软化,溶出一条狭窄、圆形隧道状通道,精子借助自身的运动能力钻入透明带内。大量研究表明,在受精过程中钻入透明带的精子不止一个,但它能阻止异种精子进入。

(三)精子进入卵黄膜

当精子进入透明带后，在卵周隙内停留一段时间，而后触及卵黄膜，引起卵子发生特殊变化，使卵子从休眠状态苏醒过来，这种变化称为“激活”，引起卵黄膜收缩，释放出某些物质扩散到全卵的表面和卵周隙，从而使透明带关闭，后来的精子不能进入透明带。这种变化称为“透明带反应”。但家兔的卵子没有这种变化。

卵黄膜外覆盖密集的微绒毛，精子触及卵黄膜后，卵黄膜的微绒毛首先包住精子头部的核后帽区，并与该区的质膜融合，不久精子连同尾部一起进入卵黄膜内。大多数哺乳动物在精子接触卵黄膜之前，卵子的第一极体就存在于卵周隙中，当精子进入卵黄后，卵子才进行第二次成熟分裂，排出第二极体。进入卵黄膜的精子是有严格选择性的，一般只能进入一个。这说明只有那些尽快完成生理变化的精子才有条件进入，同时在最初的精子头部附着于卵黄膜表面所引起的透明带反应和卵黄膜“多精子入卵阻滞”能有效地阻止其他精子再次进入卵子内。

(四)多精子阻抑

受精后，卵黄膜立即发生阻止多精子受精的变化。

1. *透明带反应*　当精子穿过透明带，其头部赤道节与卵黄膜微绒毛黏合并进行融合，并刺激发生透明带反应(也称皮质反应)，卵母细胞被精子激活，使位于卵黄膜内许多皮质颗粒的包膜与卵黄膜融合，同时把皮质颗粒的内容物排入卵周隙，迅速传播到透明带，使透明带变性，破坏透明带上精子受体的特异性，或妨碍顶体酶对透明带的水解作用，从而阻止第二个精子穿入透明带。这是防止多精子受精的第一道屏障。但透明带反应往往不能完全阻止多精子进入透明带，有时仍可见到在卵周隙中有若干精子。

2. *卵黄膜封闭作用*　当一个精子穿入卵黄膜时，卵黄立即紧缩，使卵黄膜增厚，并排出部分液体进入卵周隙。卵黄膜的增厚，阻止了其他精子进入卵黄。这个反应称为卵黄膜封闭作用。卵黄膜封闭对防止多精子受精的作用很强，正常情况下，只允许一个精子进入卵黄。这是防止多精子受精的第二道屏障。此时，精子核开始膨大，其外部被进入卵黄的部分卵黄膜包围。

（五）原核形成及配子融合

精子进入卵黄后，头尾分离，头部继续膨大，细胞膜消失，呈现许多核仁。不久外周包上一层核膜，形成雄原核。

大多数动物的卵母细胞，此时正处于减数分裂的中期，在精子进入卵黄膜后，很快排出第二极体，并开始形成雌原核。形成过程与雄原核的形成一样。雌、雄原核同时发育，数小时内体积增大约20倍。雄原核略大于雌原核，在猪则两原核相等。经一段时期的发育后，两原核互相靠拢、接触，体积缩小，双方核膜交错嵌合。此后，双方的核仁和核膜消失，两个原核融合成一体，配子融合完成。原核的生存期为10～15小时。在配子融合之前，DNA已发生复制。配子融合后，两组染色体合并而恢复双倍体，形成合子（图5-1）。受精至此完成。合子形成后，立即进入卵裂前期。

各种家畜从精子进入卵母细胞到第一次卵裂的间隔时间为：兔12小时；猪12～14小时；绵羊16～21小时；牛20小时。

四、异常受精

哺乳动物的正常受精均为单精子受精，形成的合子发育成正常的新个体。异常受精则包括多精子受精、双雌核受精、雄核发育和雌核发育等。异常受精的出现率为正常受精的2%～3%。

多精子受精发生的原因往往是配种延迟、卵母细胞衰老、阻止多精子受精的功能失常、形成多倍体。

双雌核受精是由于卵母细胞某一次减数分裂时未排出极体所

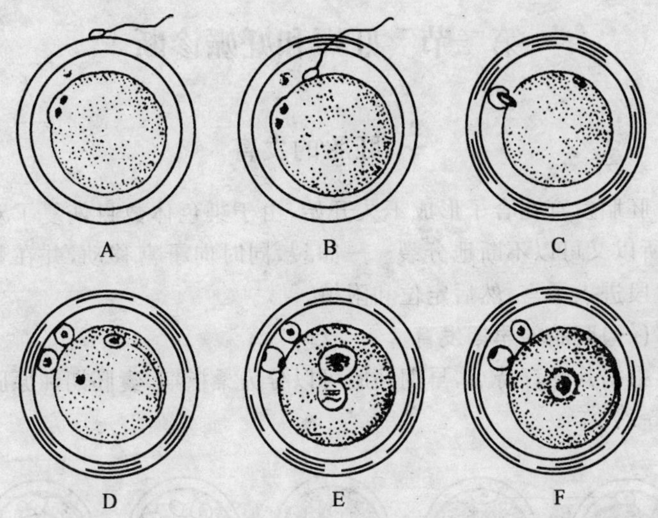

A. 精子发生顶体反应，并接触透明带 B. 精子释放顶体酶，水解透明带，进入卵周隙，触及卵黄膜 C、D. 精子头膨胀，并排出第二极体 E. 雌、雄原核形成 F. 原核融合，向中央移动，核膜消失，并准备第一次卵裂

图 5-1 哺乳动物受精过程

（引自：E. S. E. Hafes. Reproduction in Farm Animals. 6th ed. 1993）

致，如此形成有 3 个原核的三倍体。双雌核受精多见于猪，母猪发情开始后 36 小时以后配种，则 20%以上的卵子是双雌核。猪的三倍体胚胎可能存活到附植后，但不久即死亡。

雌核发育或雄核发育在受精开始时是正常的，但受精后如有一方的原核未能形成，即造成单倍体。多倍体和单倍体胚胎均不能正常发育，在发育早期死亡。

第二节　妊娠和妊娠诊断

一、胚胎的发育

胚胎发育在合子形成不久开始，由于染色体数目恢复了双倍体，所以又可以不断地分裂——卵裂，同时向子宫移动，并在其特定阶段进入子宫，然后定位和附植。

（一）胚胎的早期发育

根据其发育特点，早期胚胎可以分为桑椹期、囊胚期和原肠期（图 5-2）。

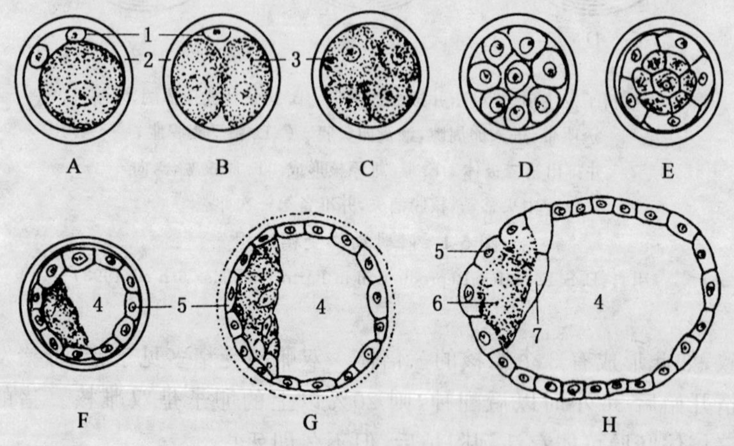

图 5-2　早期胚胎的发育过程

A. 受精卵单细胞期　B. 二细胞期　C. 四细胞期　D. 八细胞期　E. 桑椹胚　F～H. 囊胚期　1. 极体　2. 透明带　3. 卵裂球　4. 囊胚腔　5. 滋养层　6. 内细胞团　7. 内胚层

1. 桑椹期　受精过程的结束即标志着早期胚胎发育的开始。

在透明带内早期胚胎细胞进行分裂，称卵裂。

第一次卵裂，合子一分为二，形成2个卵裂球的胚胎。自此以后，胚胎继续进行卵裂，每个卵裂球并不一定同时进行分裂，故可能出现3、5个，甚至7个细胞的时期。当卵裂细胞数达到16～32个，由于透明带的限制，卵裂球在透明带内形成致密的一团，形似桑椹，故称桑椹胚。这一时期主要在输卵管内完成，个别时也进入子宫。据试验，对8个细胞以前的胚胎施行胚胎分割，每一细胞都有发育成新个体的潜力。

2. 囊胚期　桑椹胚形成后，卵裂球分泌的液体在细胞间隙积聚，最后在胚胎的中央形成一充满液体的腔——囊胚腔。随着囊胚腔的扩大，多数细胞被挤在腔的一端，称内细胞团，将来发育成胎儿；而另一部分细胞构成囊胚腔的壁，称滋养层，以后发育为胎膜和胎盘。囊胚后期，胚胎从透明带脱出，称扩张囊胚。

3. 原肠期　随着胚胎的继续发育，出现了内、外两个胚层，此时的胚胎称原肠胚。原肠胚形成后，在内胚层和滋养层之间出现了中胚层，中胚层又分化为体壁中胚层和脏壁中胚层。

(二)早期胚胎的迁移

胚胎在脱出透明带之前，一直处于游离状态。胚胎发育所需要的营养来自子宫内膜腺和子宫上皮所分泌的物质(子宫乳)。不同的物种胚胎在子宫内迁移的现象均有发生。多胎动物，如猪胚胎可从排卵一侧的子宫角游向子宫，也可以游向另一侧子宫角。单胎动物胚胎内迁移很少，牛排一个卵子时胚胎总是在与黄体同侧的子宫角内；若一侧卵巢排2个卵子，其中一个卵子通过子宫体的只有10%。绵羊内迁移现象略高些，胚胎位于黄体对侧子宫角占8%，而一个卵巢排2个卵子，内迁移占90%。

(三)胚胎附植

胚胎在母体子宫内结束游离状态，并与母体建立紧密联系的一个渐进的过程称为附植。据估计，家兔胚胎开始附植的时间为

4～6 天，绵羊和牛 15～30 天。在附植前，胚胎进行卵裂和囊胚形成的同时，子宫也发生变化为附植作准备。在此期间，子宫肌肉的活动和紧张度减弱，这有助于囊胚在子宫内存留。同时，子宫上皮的血液供应增加。在附植期间，子宫液的氨基酸和蛋白质含量也有改变，有些蛋白仅在此期出现于子宫液，对胚胎有营养作用。

二、胎膜和胎盘

(一)胎膜

胎膜是胎儿的附属膜，是胎儿本体以外包被着胎儿的几层膜的总称。其作用是与母体子宫黏膜交换养分、气体及代谢产物，对胎儿的发育极为重要。在胎儿出生后，即被摒弃，所以是一个暂时性器官。它源于 3 个基础胚层，即外胚层、中胚层和内胚层。通常按其结构部位及功能而分为羊膜、尿膜、绒毛膜和卵黄囊。

1. 卵黄囊　哺乳动物的卵黄囊由原肠胚的胚外部分形成。牛、羊的卵黄囊较长，可达胚泡的两端。卵黄囊上有稠密的血管网，在胚胎发育早期借助卵黄囊吸收子宫乳中的养分和排出废物。随着胎盘的发育，卵黄囊的作用减小并逐渐萎缩，最后埋藏在脐带里，成为无机能的残留组织，称为脐囊，这在马较为明显。

2. 羊膜　羊膜是包裹在胎儿外的最内一层膜，由胚胎外胚层和无血管的中胚层形成。在胚胎和羊膜之间有一充满液体的羊膜腔。羊膜腔内充满羊水，能保护胚胎免受震荡和压力的损伤，同时，还为胚胎提供了向各方面自由生长的条件。羊膜能自动收缩，使处于羊水中的胚胎呈略微摇动状态，从而促进胚胎的血液循环。

3. 尿膜　尿膜由胚胎的后肠向外生长形成。其功能相当于胚体外临时膀胱，并对胎儿的发育起缓冲保护作用。当卵黄囊失去功能后，尿膜上的血管分布于绒毛膜，成为胎盘的内层组织。随着尿液的增加，尿囊亦增大，在奇蹄类有部分尿膜和羊膜黏合形成尿膜羊膜，而与绒毛膜黏合则成为尿膜绒毛膜。

4. 绒毛膜　绒毛膜是胚胎最外层膜，表面有绒毛，富含血管网。除马的绒毛膜不和羊膜接触外，其他家畜的绒毛膜均有部分与羊膜接触。绒毛膜表面绒毛分布家畜间有不同。绒毛膜的整个形状，家畜间也不同。反刍动物形成双角的盲囊，孕角较为发达。猪的绒毛膜呈圆筒状，两端萎缩成为憩室。

5. 脐带　脐带是胎儿和胎盘联系的纽带，被覆羊膜和尿膜，其中有两支脐动脉，一支脐静脉（反刍动物有两支），有卵黄囊的残迹和脐尿管。其血管系统和肺循环相似，脐动脉含胎儿的静脉血，而脐静脉则是来自胎盘，富含氧和其他成分，具动脉血特征。脐带随胚胎的发育逐渐变长，使胚体可在羊膜腔中自由移动。

（二）胎盘

胎盘通常指由尿膜绒毛膜和子宫黏膜发生联系所形成的结构。其中尿膜绒毛膜部分称为胎儿胎盘，而子宫黏膜部分称为母体胎盘。哺乳动物发育的早期特点是胚胎通过胎盘从母体器官吸取营养。因此，对胎儿来说，胎盘是一个具有很多功能活动并和母体有联系但又相对独立的暂时性器官。

1. 胎盘的类型　根据绒毛膜表面绒毛的分布，胎盘一般分为四种类型，即弥散型胎盘、子叶型胎盘、带状胎盘和盘状胎盘。也有按照母体和胎儿真正接触的细胞层次将胎盘分为上皮绒毛型胎盘、结缔组织型胎盘、内皮绒毛型胎盘和血绒毛型胎盘。

（1）弥散型胎盘　弥散型胎盘是动物中比较广泛的一种胎盘类型，这种类型的胎盘绒毛膜的绒毛分布在整个绒毛膜表面，如猪、马。猪的绒毛有集中现象，即少数较长绒毛聚集在小而圆的称绒毛晕的凹陷内。绒毛的表面有一层上皮细胞，每一绒毛上部都有动脉、静脉和毛细血管分布。与绒毛相对应，子宫黏膜上皮向深部凹入形成腺窝，绒毛插入此腺窝内，因此又称为上皮绒毛膜胎盘。

（2）子叶型胎盘　子叶型胎盘以反刍动物牛、羊为代表。鹿也属于多子叶胎盘。绒毛集中在绒毛膜表面的某些部位，形成许多绒毛丛,呈盘状或杯状凸起,即胎儿子叶。胎儿子叶与母体子宫内膜的特殊突出物——子宫阜(母体子叶)融合在一起形成胎盘的功能单位。牛的子宫阜是凸出的,而绵羊和山羊则是凹陷的。胎儿子叶上的许多绒毛,嵌入母体子叶的许多凹下的腺窝中。子叶之间一般无绒毛,表面光滑,故称子叶型胎盘。绵羊的子宫阜数目为90～100个,平均分布在妊娠和未妊娠子宫角内,牛为70～120个,环绕着胎儿发育。在妊娠时,子宫阜比原来的直径增加几倍,位于孕角内的比终末端的发育要大。在生长期,它们从扁平徽章样结构变为圆形的蘑菇状结构。除蒂周围外,全部被尿膜绒毛膜所包埋。尿膜绒毛膜正常伸入未孕子宫角,但子宫阜发育程度比孕角为差。

(3)带状胎盘　带状胎盘以肉食类为代表,其绒毛膜上的绒毛聚集在绒毛囊中央,形成环带状,故称带状胎盘。绒毛膜在此区域与母体子宫内膜接触附着,而其余部分光滑。由于绒毛膜上的绒毛直接与母体胎盘的结缔组织相接触,所以此类胎盘又称为上皮绒毛膜与结缔组织混合型胎盘。

(4)盘状胎盘　盘状胎盘呈圆形或椭圆形。绒毛膜上的绒毛在发育过程中逐渐集中,局限于一圆形区域,绒毛直接侵入子宫黏膜下方血窦内,因此又称血绒毛型胎盘。啮齿类和灵长类(包括人)的胎盘属于盘状胎盘。

由上可见,不同动物的胎盘母体和胎儿部分组织之间接触的紧密程度是不同的。有的如弥散型和子叶型胎盘,胎儿胎盘绒毛膜上的绒毛伸入子宫内膜,如同手指插入手套中,虽有接触但很简单,分娩时,绒毛膜从子宫内膜中拔出,并不伤及子宫内膜,也就没有脱落损失现象,因而并不引起子宫内膜的破坏或出血。这种类型的胎盘又称为接触胎盘或非蜕膜胎盘。另一种,绒毛膜和母体接触比较紧密,绒毛在子宫内膜中如生根状,绒毛插入子宫内膜,或悬浮于血窦内,当分娩时,胎儿胎盘从子宫剥离,子宫内膜被侵入部分（蜕膜）也剥脱下来，随之出血。这种胎盘又称为蜕膜胎盘，如带状胎盘和盘状胎盘。

2. 胎盘的功能　胎盘功能包括气体交换、营养物质供应、排泄废物、防御功能以及合成功能等。

(1)气体交换　维持胎儿生命最重要的物质是 O_2。在母体与胎儿之间，O_2 及 CO_2 以简单扩散方式进行交换，可替代胎儿呼吸系统的功能。

(2)营养物质供应　可替代胎儿消化系统的功能。①葡萄糖是胎儿热能的主要来源，以易化扩散方式通过胎盘；②氨基酸浓度胎血高于母血，以主动运输方式通过胎盘；③电解质及维生素多数以主动运输方式通过胎盘；④胎盘中含有多种酶，如氧化酶、还原酶、水解酶等，可将复杂化合物分解为简单物质，也能将简单物质合成后供给胎儿。

(3)排泄废物　胎儿代谢产物如尿素、尿酸、肌酐、肌酸等，经胎盘送入母血，由母体排出体外，故可替代胎儿泌尿系统的功能。

(4)防御功能　胎盘是胎儿的防御屏障，除病毒外，一般细菌和病原体都不能通过胎盘。

(5)合成功能　胎盘能合成许多激素，如雌激素、孕激素、促肾上腺皮质激素、促性腺激素等。这对调节和维持妊娠、发动分娩以及促进泌乳等有重要作用。

三、妊娠期母畜的生理变化

(一)母体的生长

怀孕后，母体的新陈代谢旺盛，食欲增进，消化能力提高。因此，孕畜营养状况改善，表现为体重增加，毛色光润。青年母畜本身在妊娠期仍能进行正常的生长，除因交配过早及饲养水平很低外，妊娠并不影响其继续生长，在适当营养条件下尚能促进生长，若以同龄及同样发育的母畜试验，由于营养丰富，母畜体重必然显著增加。饲养不足,则体重反而减轻,甚至于胚胎损失,而尤以妊娠后 1/3 期的饲养水平更能影响胎儿的发育。

妊娠末期,母畜因不能消化足够的营养物质以供给迅速发育的胎儿的需要,致使消耗妊娠前半期贮存的营养物质。所以,母畜在分娩前常常消瘦。要使孕畜本身正常生长,且又要保证胎儿的发育良好,妊娠期的营养应是首要的问题。

在妊娠后半期,由于胎儿骨骼发育的需要,母体内钙磷往往含量降低,如饲养时矿物质缺乏,可常见后肢跛行,牙齿也易受到缺钙的影响而磨损较快。

怀孕母畜出现水分分布的巨大变化,其机制是和扩张了的子宫静脉压的增加有关。在牛、马怀孕的后期,常可以发现由乳房到脐部的水肿扩展及后肢发生水肿。

随着胎儿的增长,母体内脏器官容积缩小,这就使排粪、排尿次数增多,而每次量减少。妊娠末期,腹部轮廓也发生变化,行动谨慎,容易疲倦、出汗。

(二)卵巢的变化

母畜配种后,没有怀孕时,卵巢上的黄体退化,然而有胚胎时,这种黄体可作为妊娠黄体继续存在,从而中断发情周期。在怀孕早期,这种中断是不完全的,在一些母牛,由于卵巢的卵泡活动,妊娠早期仍可出现发情。虽然有卵泡发育甚至接近排卵前的体积,然而这些卵泡最终变为闭锁卵泡。

妊娠母牛卵巢的黄体以最大的体积持续存在于整个怀孕期,其颜色为金褐色,并不突出于卵巢表面。

孕猪卵巢的黄体数目往往较胎儿多,孕后也有再发情的。

怀孕后随着胎儿体积的增大,妊娠子宫逐渐沉入腹腔,卵巢也随之下沉。马怀孕 3 个月时,卵巢除了下沉外,两侧卵巢都靠近中线。

(三)子宫的变化

随着怀孕的进展,子宫逐渐增大,使胎儿得以伸展,子宫的变化有增生、生长和扩展三个时期,其具体时间随畜种而不同。子宫内膜由于孕酮的致敏而增生,发生在胚胎附植之前,其主要变化为血管分布增加,子宫腺增长,腺体卷曲及白细胞浸润。子宫的生长是在胚胎附植后开始,它包括子宫肌的肥大,结缔组织基质的广泛增长,纤维成分及胶原含量增加,这种基质的变化,对于子宫适应孕体的发展及产后子宫的复原过程是很有意义的,子宫的生长也是在雌激素和孕酮的协同作用下发生的。

在子宫扩展期间,子宫生长减慢而其内容物则以加速度增长。子宫的生长和扩展,首先是由孕角和子宫体开始的,在整个怀孕期,单胎动物孕角的增长比空角的大得多。因此,孕角与空角始终不对称。怀孕的前半期,子宫体积的增长主要是子宫肌纤维肥大及增长。怀孕的后半期,则是胎儿使子宫壁扩展。因此,子宫壁变薄。猪怀孕时,子宫肌纤维主要是长度增加,因肌肉层仅稍变厚,胎儿所在处子宫角较粗,两个胎儿之间的部分较为狭窄,子宫角长度可达 3 米,充满胎儿的子宫角曲折地位于腹腔底部,因此使腹壁下垂,子宫角向前可抵达膈膜。

怀孕时子宫颈内膜的脉管数目增加,并分泌一种封闭子宫颈管的黏液,称子宫颈栓。牛的子宫颈栓较多,且经常更新,排出时常附着于阴门下角。马的子宫颈栓较少,子宫颈的括约肌收缩很紧。因此,子宫颈管就完全封闭起来,宫颈外口即紧闭。妊娠中后期,由于胎儿沉向腹腔,子宫颈阴道部往往被牵引而稍微偏向一侧。子宫颈的质地较硬,牛的往往稍变扁,马的细圆。

(四)阴门及阴道

怀孕初期,阴唇收缩,阴门裂紧闭。随妊娠期进展,阴唇的水肿程度增加,牛的这种变化比马的明显,处女牛在 5 个月时,成年母牛在 7 个月时出现。怀孕后阴道黏膜的颜色变为苍白,黏膜上覆盖有从子宫颈分泌出来的浓稠黏液。因此,阴道黏膜并不滑润而比较涩滞,插入开张器时较为困难。在怀孕末期,阴唇、阴道变得水肿而柔软。

(五)子宫动脉的变化

由于子宫的下沉及扩展,子宫阔韧带内及子宫壁内血管也逐渐变得较直,由于供应胎儿的营养需要,血量增加,血管变粗,同时由于动脉血管内膜的皱褶增高变厚,而且因它和肌肉层的联系疏松,所以血液流过时所造成的脉搏从原来清楚的跳动变为间隔不明显的颤动。这种间隔不明显的颤动叫做怀孕脉搏。怀孕脉搏孕角比空角出现的早且显著。

四、妊 娠 期

各种动物的妊娠期有明显的差异(表 5-1)。同品种动物的妊娠期受年龄、胎儿数、胎儿性别和环境因素的影响。

表 5-1 各种家畜的妊娠期 天

种类	平均	范围
牛	282	276～290
水牛	307	295～315
牦牛	255	226～289
猪	114	102～140
羊	150	146～161
马	340	320～350
梅花鹿	235	229～241
马鹿	250	241～265
长颈鹿	420	402～431

一般早熟品种妊娠期较短。初产母畜、单胎动物怀双胎、怀雌

性胎儿以及胎儿个体较大等情况，会使妊娠期相对缩短。多胎动物怀胎数更多时会缩短妊娠期；家猪的妊娠期比野猪短；马怀骡时妊娠期延长；小型犬的妊娠期比大型犬短。

五、妊娠诊断

在配种之后，为及时掌握母畜是否妊娠，妊娠的时间及胎儿和生殖器官的异常情况，采用临床和实验室的方法进行检查，谓之妊娠诊断。

妊娠诊断的目的是确定母畜是否已经妊娠，以便按妊娠母畜对待，加强饲养管理，维持母畜健康，保证胎儿正常发育，以防止胚胎早期死亡或流产。如果确定没有妊娠，则应密切注意其下次发情，抓好再配种工作，并及时找出其未孕的原因。例如交配时间和配种方法是否合适，公畜精液品质是否合格，生殖器官是否患病等等，以便在下次配种时作必要的改进或及时治疗。

（一）牛的妊娠诊断

1. *外部检查法*　母牛妊娠以后，一般表现为周期发情停止，食欲增进，营养状况改善，毛色润泽光亮，性情变得温顺，行为谨慎安稳，5个月以后腹围增大，妊娠后期腹壁右侧较左侧更为突出，乳房胀大，有时腹下及后肢可出现水肿。牛8个月以后可以看到胎动，即胎儿活动所造成的母畜腹壁的颤动。在7个月后，隔着右侧或最后两对乳房的上方的腹壁可以触诊到胎儿，在胎儿胸壁紧贴母体腹壁时，可以听到胎儿的心音，可根据这些外部表现诊断是否妊娠。

上述方法的最大缺点是不能早期进行诊断，同时，没有某一现象时也不能肯定未孕。此外，不少牛妊娠后，亦有再出现发情的，依此作出未孕的结论将会判断错误。还有的在配种后没有怀孕，但由于饲养管理、利用不当、生殖器官炎症，以及其他疾病而不复发情，据此作出怀孕的结论也是不合适的。

2. 阴道检查法　阴道检查判定母畜是否怀孕的主要依据是由于胚胎的存在，阴道的黏膜、阴道的黏液、子宫颈发生了某些变化。主要观察阴道黏膜的色泽、干湿状况、黏液性状（黏稠度、透明度及黏液量），子宫颈的形状位置。这些性状的表现，各种家畜基本相同，只是稍有差异。

将母牛于保定架内保定，并将其尾缠绷带后扎于一侧。消毒检查用具，如脸盆、镜子、开膣器等，先用清水洗净后，再以火焰消毒，或用消毒液浸泡消毒，但其后必须再用开水或蒸馏水将消毒液冲净。母畜阴唇及肛门附近先用温水洗净，最后用酒精棉涂擦。如须将手伸入阴道进行检查时，消毒手的方法与手术前手的准备相同，但最后必须用温开水或蒸馏水将残留于手上的消毒液冲净。给已消毒过的开膣器前 1/3 涂以润滑剂（石蜡油等），在检查之后用消毒纱布覆盖，以免灰尘沾污。检查者站于母畜左后侧，右手持开膣器，左手拇食二指将阴唇分开，将开膣器合拢呈侧向，并使其前端略微向上缓缓送入，待完全进入后，轻轻转动开膣器，使其两片成扁平状态，最后压紧两柄使其完全张开，进行观察。妊娠时阴道黏膜变为苍白、干燥、无光泽（妊娠末期除外），至妊娠后半期，感觉阴道肥厚。子宫颈的位置向前移（随时间不同而异），而且往往偏于一侧，子宫颈口紧闭，外有浓稠黏液，在妊娠后半期黏液量逐渐增加，非常黏稠，在妊娠末期则变为滑润。检查完毕，将开膣器恢复如送入时状态，然后再缓慢抽出，抽出时切忌将开膣器闭合，否则易于损伤阴道黏膜。检查完毕将开膣器进行消毒。

3. 直肠检查法　操作人员将手臂伸入母牛直肠触摸卵巢和子宫，根据其形态判定是否怀孕。其优点是牛怀孕 20 多天即可作出初诊，40 天即能确诊，能够大致确定怀孕时间。

未孕牛子宫、卵巢均位于骨盆腔内，两子宫角大小相等，形状相似，弯曲如绵羊角状。经产牛有时右角略大于左角，迟缓，肥厚。能够清楚的摸到子宫角间沟。子宫经触摸立即收缩，变得有弹性，几乎有坚实感。能将子宫握在手中，前部有角间沟将其分成两半。卵巢上无妊娠黄体。

妊娠牛 20～25 天时孕角侧卵巢上有突出于卵巢表面的黄体，且空角侧卵巢大的多，子宫角粗细无变化，但子宫壁厚并有弹性。

1 个月时，子宫角间沟仍清楚，孕角及子宫体较粗，柔软壁薄，绵羊角状弯曲不明显。触诊时，孕角一般不收缩，有时收缩则感觉有弹性，内有液体波动，像软壳蛋样。空角常收缩，感觉有弹性且弯曲明显。子宫角的粗细以胎次而定，胎次多的较胎次少的稍粗。

2 个月时，角间沟不太清楚，但分岔明显，孕角比空角大 1 倍以上，壁软而薄，液体波动明显，孕角的一部分进入腹腔，孕侧卵巢向前移至耻骨前缘。

3 个月时，子宫角间沟消失，宫颈前移，子宫如袋状垂入腹腔，整个孕角比排球稍小，内有明显液体波动，偶尔可摸到悬浮的胎儿。用手提子宫颈，可以感到子宫重量加大。卵巢移至耻骨前缘下方，有时可以摸到。子宫壁软而不收缩，有时可摸到孕牛子宫中动脉。在体格较大的经产奶牛，由于怀孕前子宫已坠入腹腔，因此角间沟、子宫角及卵巢均不易摸到。

4. B 型超声波诊断仪法　B 型超声波诊断仪法是目前最具有应用前景的早期妊娠诊断的方法。术前将母牛保定在保定架内，将尾巴拉向一侧，清除直肠内的宿粪，必要的话可对母牛进行灌肠，以方便检查。使用 5 兆赫的超声波探头，将探头隐在手心中，在手臂和探头上涂以润滑剂，将探头送入母牛直肠内。怀孕 40 天左右的母牛，可在显示器上看到一个近圆形的暗区，即为母牛的胎胞位置，证明母牛已经妊娠。随着胎龄的增加，胎胞增大，形成的暗区也会增大。但超过 60 天，直肠检查比诊断仪更方便。

(二)羊的妊娠诊断

1. 表观征状观察　母羊受孕后，在孕激素的制约下，发情周期停止，不再有发情征状表现，性情变得较为温顺。同时，甲状腺活

动逐渐增强，孕羊的采食量增加，食欲增强，营养状况得到改善，毛色变得光亮润泽。仅靠表观征状观察不易早期确切诊断母羊是否怀孕，因此还应结合触诊法来确诊。

2. 触诊法　待检查母羊自然站立，然后用两只手以抬抱方式在腹壁前后滑动，抬抱的部位是乳房的前上方，用手触摸是否有胚胎胞块。注意抬抱时手掌展开，动作要轻，以抱为主（图 5-3）。还有一种方法是直肠-腹壁触诊。待查母羊用肥皂灌洗直肠排出粪便，使其仰卧，然后用直径 1.5 厘米、长约 50 厘米、前端圆如弹头状的光滑木棒或塑料棒作为触诊棒，使用时涂抹上润滑剂，经过肛门向直肠内插入 30 厘米左右，插入时注意贴近脊椎。一只手用触诊棒轻轻把直肠挑起来以便托起胎胞，另一只手则在腹壁上触摸，如有胞块状物体即表明已妊娠；如果摸到触诊棒，将棒稍微移动位置，反复挑起触摸 2～3 次，仍摸到触诊棒即表明未孕。注意，挑动时不要损伤直肠。羊属中小牲畜，不能像牛、马那样能做直肠检查，因此触诊法在早期妊娠诊断还是很重要的，而且这种方法准确

图 5-3　腹壁触诊法

率也相当高。

3. 阴道检查法　妊娠母羊阴道黏膜的色泽、黏液性状及子宫颈口形状均有一些和妊娠相一致的规律变化。母羊怀孕后，阴道黏膜由空怀时的淡粉红色变为苍白色，但用开膣器打开阴道后，很短时间内即由白色又变成粉红色。空怀母羊黏膜始终为粉红色。孕羊的阴道黏液呈透明状，而且量很少，因此也很浓稠，能在手指间牵成线。相反，黏液量多、稀薄、颜色灰白的母羊为未孕。孕羊子宫颈紧闭，色泽苍白，并有糨糊状的黏块堵塞在子宫颈口，人们称之为"子宫栓"。和发情鉴定一样，在做阴道检查之前应认真修剪指甲及消毒手臂。

(三)猪的妊娠诊断

1. 返情检查　妊娠诊断最普通的方法是根据配种后 17～24 天是否恢复发情。一般将配种后的母猪与空怀待配母猪饲养在同一栋猪舍中，在对空怀母猪进行查情时，同时每天对配种后 16～24 天的母猪进行返情检查，如不返情，可认为母猪已经受孕。这种检查方法的总体准确性有较大的差异。猪场母猪繁殖状况越好，通过返情检查进行妊娠诊断的准确性越高，但当猪场管理混乱，饲料中含有霉菌等毒素，炎热，母猪营养不良时，则母猪持续乏情或假妊娠率会增高，在这种情况下，配种后通过返情检查进行妊娠诊断，就会有部分母猪出现假阳性诊断结果。因此，通过返情检查进行妊娠诊断的准确性高时可达 92%，但低时会低于 40%。在配种后第 38～45 天进行第二次返情检查，如仍不返情，其诊断的准确性会进一步提高。此法是猪场中较为实用的方法之一。

2. 外部观察法　根据母猪配种后的外观和行为的变化来进行妊娠诊断。但这种方法只能作为其他诊断方法的辅助手段，以便印证其他方法诊断的结果；而且外部观察法诊断一般只能在配种后 4 周以上才能进行。

母猪妊娠后，性情会变得温和，行动小心，与其他母猪群养时，会小心避开其他母猪。出于为胎儿后期快速发育阶段贮备营养的需要,往往食欲会明显增加。另外,由于妊娠期在孕激素的作用下,妊娠前期的同化作用增强,而基础代谢较低,因此,怀孕后的母猪即使饲喂通常用以维持的饲料量,母猪的膘情也会提高,被毛顺滑,皮肤滋润。

外生殖器的血液循环明显减弱,外阴苍白、皱缩,阴门裂线变短且弯曲。因此,如果出现上述变化,应作为母猪受孕的依据之一。但某些饲料成分会影响这种变化,饲喂含有被镰孢霉污染的饲料,妊娠母猪外阴的干缩状况并不明显,甚至有些妊娠母猪的外阴还有轻度肿胀。某些品种妊娠时,外阴部的变化也不够明显。

随着胎儿的增大,母猪的腹围会增大。通常在妊娠到60天左右时,腹部隆起已经较为明显。75天以后,部分母猪可看到胎动,随着临产期的接近,胎动会越来越明显。

外部观察法进行早期妊娠诊断的可靠性显然不高,但日常观察经验的积累会提高判断的准确性。

3. *超声波检查法* 采用超声波妊娠诊断仪对母猪腹部进行扫描,观察胚泡液或心动的变化。这种方法在妊娠第28天时有较高的检出率,可直接观察到胎儿的心动。因此,此法不仅可以确定妊娠,而且可以确定胎儿的数目,晚期还可以判定胎儿的性别,无伤痛,可重复使用,缺点是一次性投资较高。

(四)鹿的妊娠诊断

由于鹿的经济价值较高,且带有一定的"野性",妊娠诊断较家畜困难,开展得并不普遍,较常用的有外部观察法、超声波诊断法和直肠触诊法。

1. *外部观察法* 首先要观察母鹿在下个发情期是否发情,如不发情有可能受孕。这种方法对发情规律正常的母鹿有一定的参考价值,但不完全可靠。因为有的母鹿虽没有受孕,但发情征状不明显或者不发情,有的母鹿虽然受孕但仍有发情表现(假发情),而且鹿为群养，给观察带来一定困难。

其次，母鹿妊娠3个月之后变得安静，食欲增加，体况变好，毛色光润。因此，细心观察比较也能作出诊断。

妊娠6～7个月即3～4月份，母鹿腹围有所增大，下腹部比较饱满。妊娠后期不仅腹部明显增大，而且在腹壁外可以见到胎动，乳房也开始发育。这些征状在妊娠中后期才能出现，不能做到妊娠早期诊断。

2. 超声波诊断法　超声波诊断有腹部诊断和直肠诊断两种。腹部超声波扫描需将鹿麻醉后保定，Mulley等（1987）对妊娠50天的母鹿进行腹部超声波扫描，诊断准确率为100％，P. R. Wilson（1990）对162只赤鹿在妊娠30～110天时进行超声波直肠扫描，鹿站立保定，用马用的5兆赫传感器进行扫描，插入直肠时通过一个不易弯曲的不锈钢扩张器，扫描时用Goncepe实时超声波仪。每次扫描均记录在录像带上，以便测量子宫直径、羊膜囊直径、胎儿头尾长度、头部直径、鼻长、胸深、胸宽等。诊断准确率为100％，分娩日期估测值与实际分娩日期之差在13天之内。

3. 直肠触摸诊断法　直肠触摸诊断法，就是将手伸入母鹿直肠内，通过触摸子宫、卵巢和胎胞的变化诊断母鹿是否妊娠。对鹿直肠触摸进行妊娠诊断，必须手小（手呈锥形，最大周径不超过19厘米）才行。哈尔滨特产所、安徽铜陵鹿场对妊娠45～100天的马鹿、梅花鹿用此法进行妊娠诊断，准确率为80％～90％。技术熟练、经验丰富者准确率可达95％以上。

第六章　分娩与助产

第一节　分娩发动的原因

分娩是指雌性动物经过一定的妊娠期以后，胎儿在母体内发育成熟，母体将胎儿及其附属物从子宫内排出体外的生理过程。关于分娩发动的原因，众说纷纭。究竟哪一种因素起原发作用或特效作用，尚未定论。现在一般认为，分娩的启动并非单一因素所致，而是由机械扩张、神经、免疫及激素等多种因素相互联系、彼此协调的结果。

一、物理因素

物理因素是指子宫内部的物理作用，如牵引和压迫等。随同胎儿的增大和子宫内容物的增加，可使子宫肌兴奋性与紧张性提高。单胎动物双胎妊娠时妊娠期缩短，亦以此为依据。妊娠末期，胎液渐趋减少，容积缩小，胎儿本身则在急剧增大。因此，胎儿和胎盘之间的缓冲作用减弱，以致对胎盘和子宫产生机械性刺激，或增加对子宫壁的压力，导致分娩。

二、神经因素

母体中枢神经系统对分娩过程具有调节作用，当子宫颈和阴道受到胎儿前置部位的压迫和刺激时，能通过神经传导使垂体后叶释放催产素，刺激子宫肌肉收缩。在生产实践中发现，多数动物的分娩发生在夜晚，可能是因为夜晚光线弱、环境安静，因此中枢神经比较易于接受分娩的刺激信号的缘故。

三、免疫因素

有人认为，分娩是由免疫学原因引起的，即分娩是免疫排异的具体表现。在正常妊娠期间，胎儿免疫器官发育不完善，所产生的抗原物质免疫原性较弱，同时母体和胎儿产生一些与妊娠有关的特异性物质(如表皮生长因子、干扰素、甲胎蛋白等)，从而使母体与胎儿免疫反应达到平衡状态，即产生免疫耐受。相反，一旦平衡状态被破坏，便会发生早产或延期分娩。

胎儿发育成熟时才能发生分娩的主要免疫学原因有如下几方面：一是胚胎抗原在早期的免疫原性较弱，母体往往视其为自身物质，从而产生免疫耐受；二是胎盘的滋养层细胞无抗原性，或免疫原性不强，或有抗原掩体，母体对其不易产生免疫反应；三是妊娠时子宫内膜的蜕膜组织可能具有局部的免疫抑制作用；四是母体与胚胎之间可进行免疫交换，而在胚胎的发育过程中又不断产生新的抗原，它们之间的免疫关系，在一定时间内可以互相耐受；五是在胎儿生长发育期间不断产生某些免疫抑制物质，可以抑制母体的免疫反应；六是妊娠期间母体产生的某些不相容性物质可被胎水、胎膜囊调节所清除，故胎水和胎膜囊可看作是免疫保护的屏障，该屏障一旦受到破坏，便会引起胎儿的死亡。

四、母体激素因素

(一)催产素

催产素能使子宫发生强烈阵缩，对分娩起着强烈作用。在妊娠最后阶段，孕酮分泌下降，雌激素分泌增多，可刺激神经垂体释放催产素，以启动分娩，并促使子宫颈扩张。与此同时，胎盘和胎儿的前置部分对子宫颈和阴道产生的刺激能反射性地使神经垂体释放大量的催产素，以促进胎儿产出。另外，研究表明催产素还可通过直接与黄体细胞上的受体结合通过刺激子宫 PG 的分泌而溶解黄体，从而启动分娩。

（二）孕酮

孕酮在妊娠期间一直处于高而稳定的水平，孕酮能够抑制子宫肌肉收缩，使妊娠期间子宫保持在相对安静状态，对维持妊娠起主导作用。大多数动物应用孕酮可以减少子宫肌的活动和延迟分娩，但这种抑制作用一旦被解除，就会成为分娩启动的一种重要诱因。家畜（牛、羊、猪）在分娩前孕酮含量明显下降，因此，孕酮水平的下降可能是分娩发生的诱因之一。

（三）雌激素

在妊娠期间，胎盘所产生的雌激素刺激子宫肌肉的生长及肌动球蛋白的合成，为提高子宫肌肉的收缩能力创造了条件。到妊娠末期，胎盘产生的雌激素逐渐增加，使子宫、阴道、外阴和骨盆韧带变为松弛，直至分娩前（牛）或分娩开始时（羊）达到最高峰。分娩前，雌激素水平升高，孕酮浓度下降，孕激素和雌激素比值发生改变，使子宫肌对催产素的敏感性增强，也有助于 $PGF_{2\alpha}$ 的释放，从而触发分娩活动。

（四）前列腺素

前列腺素对妊娠黄体有强烈的溶解作用，以消除孕酮对雌激素的抑制；对子宫肌肉有直接的刺激作用，可引起肌肉收缩；刺激垂体后叶释放催产素。分娩前 24 小时，山羊和绵羊子宫静脉中 $PGF_{2\alpha}$ 急剧增加，利于子宫肌的收缩和胎儿的产出。目前认为前列腺素引起子宫平滑肌收缩的作用机理，可能是前列腺素与子宫肌细胞膜上的前列腺素受体结合，与平滑肌的腺苷酸环化酶系统发生作用，使 cAMP 水平降低，同时又能活化鸟苷酸环化酶，提高

cGMP 的水平，改变平滑肌膜对钙的渗透性，增加细胞膜内游离钙离子的含量，使肌细胞发生收缩运动，促进分娩。

(五)肾上腺皮质激素

胎儿的下丘脑-垂体-肾上腺轴，特别是在牛和羊，对于启动分娩起着决定性的作用。其依据是：如果胚胎垂体没有发育，或者对子宫内胚胎进行垂体或肾上腺切除，妊娠就可能无限期延长。另一方面，将合成的肾上腺皮质激素或地塞米松滴注羊胚体后则能诱发分娩。给妊娠末期母羊的正常胎羔滴注合成的肾上腺皮质激素或地塞米松诱发早产时，早产往往发生在孕酮下降和雌激素上升之前。因此，可以认为胎儿发育成熟后，中枢神经系统通过下丘脑使腺垂体分泌促肾上腺皮质激素，作用于胎儿的肾上腺皮质，使之分泌皮质激素。在分娩前胎儿皮质激素分泌突然增加，通过胎儿血液循环到达胎盘，改变胎盘内相应的酶活性，使胎盘合成的孕酮进一步转化为雌激素，引起母畜在分娩前 2～3 天胎盘和血液中的孕酮水平急剧下降，雌激素水平急剧上升。这两种变化则诱发胎盘和子宫大量合成 PG，并在催产素的协同下启动分娩。

第二节　分　　娩

一、分 娩 预 兆

随着胎儿的发育成熟和分娩期的接近，母畜的生殖器官与骨盆部都要发生一系列生理变化，以适应产出胎儿和哺乳幼仔的需要。母畜的行为及全身状况也发生相应的变化，通常将这些变化称为分娩预兆。

(一)乳房的变化

乳房在分娩前迅速发育、膨胀增大，有时还出现浮肿。牛的乳房变化要比其他家畜明显。初产牛在妊娠4个月时乳房就开始发育，特别是在妊娠后期乳房发育更为迅速。经产牛的乳房在分娩前胀大迅速，在产前10天左右，乳头表面出现蜡状光泽，并可在乳头中挤出少量乳汁和胶样液体；产前2天左右，乳头中充满乳汁；当出现漏乳现象后数小时至1天左右即可分娩。猪在临产前半个月左右，乳房基部与腹部之间出现明显的界线；在临产前3天左右，中部两对乳头可挤出少量清亮的液体；在分娩前0.5～1小时可在前、后部乳头挤出初乳，有些母猪还发生漏乳现象。分娩前乳头和乳汁的变化情况虽然常作为估算预产期的依据，但受母畜营养状况的影响较大，在营养不良情况下母畜变化不明显；是否漏乳则与母畜乳头管的松紧程度有密切关系，因此，不能单纯依靠乳房变化做出判断。

(二)外阴部的变化

在分娩前数天至1周左右，阴唇逐渐松软、肿胀、体积增大，阴唇皮肤上的皱褶展平，并充血稍变红。从阴道流出由浓稠变稀薄的黏液，尤以牛和羊最为明显。猪阴唇肿大开始于产前的3～5天，只有奶山羊的阴唇变化较晚，在分娩前数小时至10小时才出现显著变化。

(三)骨盆的变化

骨盆韧带在临产前数天开始变松软。牛的骨盆韧带从分娩前1～2周开始软化，到分娩前12～36小时荐坐韧带后缘变得非常松软，外形消失，尾根两侧下陷，只能摸到一堆松软组织，通称“塌窝”，但初产牛这些变化不太明显。奶山羊的荐坐韧带软化也比较明显，当荐骨两旁的组织各出现一纵沟、荐坐韧带后缘完全松软时，一般在1天内便开始分娩。猪的荐坐韧带虽然也出现软化现象，但因这部分软组织原来比较丰满，所以变化不如牛明显。在荐坐韧带软化的同时，荐髂韧带同样也变柔软，使荐骨后端的活动性增大。

(四)行为的变化

在分娩前各种家畜均出现食欲不振、精神抑郁、徘徊不安、离群寻找安静地点(散养情况下)等较明显的精神状态变化。猪在临产前6～12小时,出现衔草做窝现象。家兔有撕咬胸部被毛和衔草营窝现象。

综上所述,所有动物在分娩前都出现各种预兆,但在实践中不可单独依据其中某个分娩预兆来判断分娩时间,要全面观察、综合分析才能作出正确判断。

二、决定分娩的要素

(一)产力

子宫肌和腹肌有节律的收缩将胎儿从子宫中排出的力量,统称为产力,主要由阵缩和努责构成。阵缩是指子宫肌有节律的收缩,尤以子宫环形肌收缩最为有力,是分娩过程中的主要动力。努责由腹壁肌和膈肌的收缩而引起,是作为娩出胎儿的辅助动力。这两种分娩动力的收缩强度和频率,决定分娩过程的快慢。在分娩时,最初阵缩不是很强,而且不规律,维持时间也较短,其后逐渐变为有规律,且持久力加强。每次阵缩均是由弱到强,持续与间歇交替进行,强弱也相互交替。子宫肌收缩时,血管受到压迫,胎盘血液循环和氧气供给发生障碍;收缩间歇时,子宫肌松弛,解除了血管的压迫,胎盘的血液循环和氧供给得到恢复。在分娩开口期,单胎动物的子宫收缩是从孕角尖端开始,而两子宫角的收缩一般不是同步进行的,多胎动物的子宫收缩是从近子宫颈部开始的,子宫角的其他部分处于安静状态。最初收缩时间很短,随着分娩的进程,阵缩的间歇时间缩短,维持时间变长,收缩力量增强,到分娩产出期时阵缩次数可达每2分钟一次,每次维持1分钟,收缩数次才出现片刻间歇，在整个分娩过程中阵缩次数可达60次以上。在分娩时母体所发生的努责与阵缩密切配合、共同协作，产生强大的收缩力才能将胎儿顺利排出。产后虽然腹壁肌不再收缩，而子宫肌仍然收缩，但收缩的次数和收缩力远小于分娩时的强度，以促使胎衣排出。

(二)产道

产道是胎儿排出的必经之道，其大小、形状和松弛程度影响分娩过程。产道包括软产道和硬产道两大部分。

1. 软产道　是指子宫颈、阴道、前庭及阴门这些软组织构成的通道。子宫颈是子宫的门户，在妊娠时紧闭，分娩前开始逐渐变为柔软、松弛，分娩时完全张开，以适应胎儿通过。分娩前及分娩时，阴道、前庭与阴门也相应地变柔软、松弛，并富有弹性，能伸缩扩张。

2. 硬产道　是指骨盆，由荐骨及前三个尾椎、髂骨和荐坐韧带组成。骨盆可分为以下四部分：

(1)入口　入口是骨盆的腹腔面，斜向前下方，它由上方的荐骨基部、两侧的髂骨及下方的耻骨前缘所围成。骨盆入口的大小、形状、倾斜度与分娩时胎儿通过的难易有很大关系。入口较大而倾斜，形状圆而宽阔，胎儿则容易通过；反之，易造成难产。

(2)出口　出口上方由前三个尾椎、两侧由荐坐韧带和半膜肌、下方由坐骨弓构成。出口的上下径是指第三尾椎和坐骨联合后端连线的长度，由于尾椎活动性大，所以分娩时上下径容易扩大。出口的横径是指两端坐骨结节之间连线的长度，坐骨结节构成出口侧壁的一部分，因此，结节越高，出口处的骨质部分越多，越易妨碍胎儿的通过。

(3)骨盆腔　骨盆腔是骨盆入口与出口之间的腔体。骨盆腔的大小决定于骨盆腔的垂直径和横径。垂直径是骨盆联合前端向骨盆顶所做的垂直线长度；横径是两侧坐骨上棘之间的距离，坐骨上棘越低，则荐坐韧带越宽，胎儿通过时就越能扩大。母体分娩姿势对骨盆腔有较大影响，分娩通常以侧卧姿势为多。侧卧时，胎儿容易接近和进入骨盆腔，而且腹壁不容易受到内脏器官和胎儿重量的压迫，使腹壁肌收缩更有力，利于胎儿排出。

(4)骨盆轴　骨盆轴是一条假想线，是指通过入口荐耻径、骨盆垂直径和出口上下径三条线的中点的曲线，线上任何一点距骨盆壁内面各对称点的距离都相等，是代表胎儿通过骨盆时所经过的路线。骨盆轴越直越短，胎儿通过就越容易。

(三)胎向与胎位

1.胎向　胎向是指胎儿在母体子宫内的方向，胎儿纵轴与母体纵轴之间的关系。通常胎向有以下三种情况：

(1)纵向　纵向是指胎儿纵轴与母体纵轴互相平行的分娩方式。纵向分娩有两种可能：正生，胎儿方向与母体方向相反，头和前肢先进入骨盆腔；倒生，胎儿方向与母体方向相同，胎儿的后肢和臀部先进入骨盆腔。

(2)横向　横向是指胎儿横卧在母体子宫内，胎儿的纵轴与母体的纵轴呈水平交叉的分娩方式。横向分娩有如下两种情况：背横向，又称为背部前置横向，是指分娩时，胎儿背部向着产道出口；腹横向，又称为腹部前置横向，是指分娩时，胎儿腹部向着产道出口。

(3)竖向　竖向是指胎儿的纵轴与母体的纵轴呈上下垂直状态的分娩方式。有如下两种情况：背竖向，分娩时，胎儿的背部向着产道出口；腹竖向，分娩时，胎儿的腹部向着产道出口。

纵向是正常胎向，横向和竖向都属反常胎向，易发生难产。生产实践中，严格的横向和竖向一般很少发生。

2.胎位　胎位是指胎儿在母体子宫内的位置，也就是胎儿背部和母体背部或腹部的关系。通常有如下三种情况：

(1)上位(背荐位) 胎儿伏卧在母体子宫内,胎儿的背部在上,向着母体的背部和荐部。

(2)下位(背耻位) 胎儿仰卧在母体子宫内,胎儿的背部在下,向着母体的腹部和耻骨。

(3)侧位(背髂位) 胎儿侧卧在母体子宫内,胎儿的背部偏于一侧,朝向母体右侧或左侧腹壁或髂骨。因此,有左侧位和右侧位之分。

(四)胎势

胎势是指胎儿在母体子宫内的姿势,是指胎儿各部分屈伸的程度。通常,胎儿在子宫内体躯微弯,四肢屈曲,头部向着腹部蜷缩。在分娩前牛的胎向是纵向,近似侧位,全身弯曲呈长椭圆形。山羊、绵羊和牛相似,怀双胎时两子宫角各一胎儿。猪是多胎动物,胎位、胎向稍有变动,但胎势与其他家畜相似,多为上位。母畜分娩时胎向不变,但胎位和胎势必须改变后才能产出,由于子宫收缩或因胎儿窒息所引起的反射性挣扎,可使胎儿由下位或侧位转变为上位,胎势也由弯曲转变为伸展。

三、分娩过程

(一)子宫颈开口期

子宫颈开口期是分娩过程的第一阶段,指从出现有规则地阵缩到子宫颈口完全开张所持续的时间。这一时期仅有阵缩,没有努责。在开口期,刚开始时阵缩微弱,间歇期较长,继而阵缩加强,间歇期缩短。收缩是由子宫角端向子宫颈发生波状收缩,使胎水和胎儿向子宫颈方向移动,并逐渐使胎儿的前置部分进入子宫颈管和阴道。由于这时阴道神经节受到刺激,进而加强腹肌的作用,腹肌和子宫阵缩共同形成很大的娩出力。同时,胎儿的胎向和胎势发生相应变化。由于血液循环发生障碍,二氧化碳贮积,导致胎儿出现反射性活动，与之相适应的子宫肌和腹肌发生收缩，使胎儿上举，由下胎位变为上胎位，卷曲胎势变成了伸展状态。在行为表现方面，不同种类的动物表现有差异，同种间的不同个体也不尽相同。一般经产动物较为安静，有时甚至看不出表现。牛在开口期维持时间为 0.5～24 小时，平均为 6 小时，最初表现为反刍不规律，哞叫。牛、羊开口末期，有时胎膜囊露出阴门之外。猪的开口期维持 2～13 小时，主要表现不安并逐渐加重，起卧频繁，阴门中有黏液流出。

开口期的子宫收缩，开始时每 15 分钟左右出现一次，每次维持 15～30 秒，到接近下一阶段前收缩频率、强度和时间都增加，而间歇时间缩短。

(二)胎儿产出期

胎儿产出期是指由子宫颈口充分开张至胎儿全部排出为止所持续的时间。在这一时期，母体的阵缩和努责共同发生作用，其中努责是排出胎儿的主要力量。

在这一时期，母畜表现极度不安，起卧频繁，前肢刨地，后肢踢腹，回头顾腹，弓背努责，嗳气等。当胎儿前置部分以侧卧胎势通过骨盆及其出口时，母体四肢伸直，努责的强度和频率达到极点。努责数次后，休息片刻，又继续努责。在胎儿产出中期，胎儿最宽部分的排出需要较长时间，特别是头部。当胎儿通过骨盆腔时，母体努责表现最为强烈。正生胎向时，当胎头露出阴门外之后，母畜稍微休息，继而将胎儿胸部排出，然后努责缓和，其余部分随之迅速被排出，仅把胎衣留在子宫内。此时，不再努责，休息片刻后，母体就能站起来照顾新生幼仔。牛的产出期为 6 小时，也有的长达 12 小时；绵羊 4～5 小时；山羊 6～7 小时；猪为 3～4 小时。

(三)胎衣排出期

胎衣排出期指从胎儿被排出开始至胎衣完全排出所持续的时

间。胎儿被排出之后，母体就开始安静下来，几分钟之后，子宫再次出现轻微的阵缩和努责。胎衣的排出，主要是由于子宫的强烈收缩，从胎儿胎盘和母体胎盘中排出大量血液，减轻了绒毛和子宫黏液腺窝的张力。当胎儿排出后，胎儿胎盘血液循环即告停止，绒毛体积缩小，同时母体胎盘需血量减少，血液循环减弱，子宫黏液腺窝的紧张性降低，使两者间的间隙扩大，借助于露在体外的胎膜牵引，使绒毛从腺窝中脱出而分离。因绒毛从腺窝中脱落时，母体胎盘血管不易受破坏，所以各种家畜在排出胎衣时都不会出现流血现象。

胎衣排出的快慢，因各种家畜的胎盘组织结构不同而有差异，上皮绒毛型胎盘组织结合较疏松，胎衣容易脱落，所以排出最快，猪、马和驴的胎衣排出就属于这种情况。猪胎衣排出期为 10～60 分钟，平均 30 分钟；马和驴为 5～90 分钟。牛、羊的胎盘属于上皮绒毛膜与结缔组织绒毛膜混合型，母子胎盘结合比较紧密，呈特殊的蘑菇状（牛）、盂状（绵羊）或盘状（山羊）结构，子宫肌收缩时不容易影响腺窝，只有当母体胎盘组织的张力减轻时，胎儿胎盘的绒毛才能脱落下来，所以需要时间较长。黄牛胎衣排出期为 2～8 小时，长者可达 12 小时；水牛平均为 4～5 小时；绵羊为 0.5～4 小时；山羊为 0.5～2 小时。

单胎家畜的胎衣排出顺序与子宫肌收缩的顺序相同，即从子宫角尖端开始脱落子宫黏膜，形成套叠，尿膜绒毛膜的内层翻于外面，并逐渐翻着被排出。牛、羊在怀双胎时，胎衣往往是在两个胎儿出生后才被排出。怀多胎的山羊，胎衣是在胎儿排出之后，一次或分多次排出。猪胎衣排出比较特殊，通常分两批翻着被排出，第一批是在一侧子宫角的胎儿产完或连续产出的期间排出；第二批是在胎儿全部产出之后排出。

第三节　助产与产后护理

一、助　　产

(一)助产前的准备

助产工作是动物繁殖中的一项重要工作,有时由于准备不足而造成母仔死亡或发生疾病,因此,在动物分娩之前,应做好助产的准备工作。

临产母畜在预产期前1周左右进入产房或分娩栏,以便让其熟悉环境,安定情绪。每天要观察待产母畜的健康状况,注意分娩预兆。事先对产房进行环境消毒。产房应干燥,光线充足,通风良好,场地宽敞,使母畜有活动余地,并有利于助产;产房还要求保温,以免冻害。大家畜产房,铺垫的褥草不可过短,以免仔畜误食而卡入气管内,猪产房内的褥草不可过长过厚,以免仔猪钻入缠绕出不来,而被母猪压死。褥草要经常更换和消毒。母猪产房最好设立仔猪保护栏,以防仔猪被母猪压死。

产房内应备有必要的助产器械及药品,并将其放在固定地方。要准备的药品和器械有体温表、听诊器、剪刀、产科绳、手术刀、镊子、针头、注射器、常用手术助产器械、药棉、纱布、75%酒精、碘酒、来苏儿、催产素。此外,还应准备毛巾、肥皂、工作服及胶鞋等。

接产应选择有接产经验的人员来承担,无经验者应事先进行分娩规律和助产操作规程培训。孕畜多数在夜间分娩,因此要建立值班制度。助产时要做好助产人员的自身防护工作,防止人身伤害和人畜共患病的感染。

(二)正常分娩的助产

分娩为母畜一种正常的生理过程,一般情况下,不需干预,当助产不当时，反而容易使分娩发生困难或引起产道的损伤与感染。因此，在一般情况下，分娩可自然进行，助产人员的主要任务在于监视孕畜的分娩情况和护理幼畜，幼仔产出后，要立即断脐消毒。助产应在严格遵守消毒原则下，按以下方法进行，以保证母畜分娩的顺利和胎儿的安全。

为防止难产，在母畜进入产出期时，应及时确定胎向、胎位、胎势是否正常，检查时应将消毒好的手臂伸入阴道，隔着胎膜触诊，以便对胎儿的异常胎势做出早期诊断，及早发现，尽早矫正，这不仅能避免难产，甚至还可急救胎儿。正生时，胎儿的三件（唇和两蹄）俱全，则可等其自然产出。

当看到胎儿三件已露出阴门外时，如羊膜尚未破裂，要立即将其撕裂，使胎儿的鼻、嘴端露出，并擦净鼻孔和鼻内黏液，以利于呼吸，防止窒息，但也不要过早地撕破羊膜，以免羊水流失过早。

若在分娩时羊水已流出，而胎儿尚未排出，母体的阵缩和努责又较微弱，助产人员可抓住胎头和两肢的腕部，随着母体的努责，沿着骨盆轴的方向缓缓拉出胎儿。在牵拉过程中要注意保护阴门，切不可强行硬拉，以免造成子宫脱出。

当发现胎儿两蹄先露出时，蹄叉朝上，即为倒生，要迅速拉出胎儿，因为倒生时，胎儿脐带易被挤压在胎儿和骨盆之间而妨碍脐带内的血液流通，由于供氧中断，使胎儿出现反射性呼吸，吸入羊水而窒息死亡。

如果发现因母体努责及阵缩微弱，无力排出胎儿，或因产道狭窄，胎儿过大，难以通过阴门等情况，要迅速拉出胎儿。

胎儿产出后，要迅速擦去口、鼻内的黏液，防止吸入肺内引起异物性肺炎。然后进行断脐。若脐带被自行挣断，一般可不结扎，但须用5%～10%碘酊溶液浸泡消毒，以防感染或发生破伤风。

新生幼仔断脐消毒后，要擦干全身，然后将幼仔放在产畜旁边让其舔干幼仔身上的黏液或羊水,产畜舔入羊水可增强子宫肌的收缩力,以利胎衣排出。

牛、羊及猪的胎衣排出后,及时检查是否完整,如不完整,说明子宫内有残存胎衣,要采取措施,以防母畜子宫有病理变化。母猪分娩时,有时产出时间过长,母猪努责后,下一个胎儿仍不排出,助产人员应将胎儿拉出。分娩后要及时供给足够的温盐水或温麸皮水。排出的胎衣要及时拿走,防止母猪吞食胎衣,引起消化紊乱。特别注意,若母猪常吞食胎衣,易造成食仔癖。

产畜产后要观察数小时,看是否出现强烈的努责现象。如果在产后仍有强烈的努责现象,则可能引起子宫脱,要采取相应的措施加以预防。用温水洗净母畜乳房,辅助母畜哺乳。

(三)难产及预防

1. 难产的分类 常见的难产可分为产力性难产、产道性难产和胎儿性难产三大类。前两类是由于母体异常引起的,后一类是由于胎儿的异常所造成。

(1)产力性难产 包括阵缩及努责微弱、破水过早和子宫疝气等。阵缩及努责微弱是产畜分娩时子宫及腹壁收缩的次数少、时间短和收缩强度不够引起的。这种情况主要发生在牛、羊和猪,尤以奶牛最常见。根据这种难产在分娩过程中发生的时间不同,又有两种情况,一是在分娩开始时就发生的原发性阵缩与努责微弱;二是分娩开始时正常,以后子宫肌和腹肌疲劳引起的继发性阵缩与努责微弱。原发性阵缩与努责微弱引起的原因多是孕畜营养不良、使役过度、体质瘦弱、老龄、运动不足、肥胖、全身性疾病、子宫炎、布氏杆菌病、产前内分泌失调、胎儿过大、胎水过多等原因引起。继发性阵缩与努责微弱通常都能继发难产,尤其以多胎动物(猪)最常见。

(2)产道性难产 包括子宫捻转、子宫颈狭窄、阴道及阴门狭窄和子宫肿瘤等。产道性难产多见于猪、牛和羊。

(3)胎儿性难产　主要由于胎儿的姿势、位置和方向异常所引起,也有因胎儿和骨盆的大小不适应而发生。

2. 难产的预防　为了解难产情况,对产畜的全身状态、产道及胎儿的状况进行检查十分必要。重点检查产道及胎儿。产道的检查,主要检查产道的干燥程度,有无损伤、水肿和狭窄,并要注意子宫颈的开张程度、骨盆腔是否狭窄及有无畸形、肿瘤等。观察产道内黏液的颜色和气味,从而有助于确定难产的时间长短和胎儿有无腐败。胎儿的检查,主要查明胎儿进入产道的程度,正生或倒生、胎势、胎位、胎向的变化,判定胎儿的死活。

当有母畜难产时,必须进行助产。助产时要避免损伤产道,术者手臂、所用器械、母畜外阴及臀部都要清洗与消毒,以免母畜产道感染。为便于矫正和拉出胎儿,特别是当产道干燥时,应向产道内灌注大量润滑剂。矫正异常胎势时,要力求在母畜阵缩间歇期将胎儿推回子宫,以利矫正胎势。拉出胎儿时要按母畜骨盆轴方向进行,并随着母畜的努责用力,牵拉时人数不宜过多,切不可强拉硬拽,以免撕裂损伤母畜骨盆和软产道。助产拉出困难时,应及早采取剖腹手术。

难产极易引起仔畜的死亡并严重危害母畜的生命和以后的繁殖能力。因此,难产的预防具有十分重要的意义。首先在配种管理上不要让母畜过早配种,由于青年母畜仍在发育,分娩时常因骨盆狭窄导致难产。其次饲养管理上,对妊娠母畜进行合理饲喂,给予完善的饲料,以保证胎儿的生长和维持母体的健康,防止母畜过肥、胎儿过大,加强孕畜的运动,减少分娩时发生难产的可能性。另外,对妊娠母畜要安排适当的使役和运动,这对胎儿在子宫内位置的调整、减少难产和胎衣不下等都有积极的作用。在临产前还要及时检查孕畜、矫正胎位,这也是减少难产发生的一个必要措施。

二、新生仔畜的护理

(一)保温

新生仔畜的体温调节中枢尚未发育完全,皮肤的温度调节机能很差,而仔畜所处的环境温度要比母体子宫低得多,仔畜对环境温度的适应主要依靠体内糖原贮备和脂肪组织。出生后的1～2小时,仔畜体温要降低0.5～1℃,这是正常的生理现象。在仔畜中,仔猪和羔羊体温下降幅度最大,降低2～3℃。因此,冬季和早春产仔时应特别注意新生仔畜的保温工作。

(二)哺乳

新生仔畜由于胃肠系统的分泌机能和消化机能不够健全,而新陈代谢旺盛,所以当新生仔畜站起来后有吮乳的本能要求时,要协助仔畜找到乳头,吮食初乳。初乳中有丰富的营养物质、抗体、溶菌酶和镁盐等,不仅能提供营养,而且能增强抗病力和促进胎粪排出。因此,新生仔畜站立后,要让其尽早吃上初乳。牛出生后30～50分钟,就要让其吮食第一次初乳。母猪分娩时如果时间超过2小时以上,可在分娩结束前先让已出生的仔猪吮食初乳,等分娩结束后再给仔猪固定乳头,使仔猪养成吸吮固定乳头的习惯。此外,应在仔猪出生后3天内皮下注射“生血素”1毫升或每天用0.25%硫酸亚铁溶液涂抹母猪乳头数次,让仔猪吮食,以补充铁质。有些初产母羊,不认羔羊或害怕羔羊;在产多胎羔羊时,有些母羊偏爱一只羔羊,而不允许其他羔羊吮乳。为了避免发生这种情况,在分娩时尽量不要惊动母羊,羔羊出生后不擦去头颈部和背部的胎水,让母羊舔食,以培养感情,并协助羔羊吮乳,防止母羊踢伤羔羊。一般经过3～4天人工辅助,即可认羔羊。如果母畜无乳或死亡,或为了预防新生幼仔出现溶血症,有可能的情况下可实行人工哺乳。人工哺乳应注意幼畜一定要吮食足够的初乳，如果初乳不足或没有初乳，可用下列配方配制：新鲜鸡蛋 2 个、鱼肝油 8 毫升、食盐 5 克，加牛奶 500 毫升。人工哺乳时要做到量少而勤喂，但遵守定时、定量和定温三个原则。定时：一般每天喂 6 次，隔 3 小时一次；定量：就是按畜种、日龄及体格大小定量喂给；定温：温度要适当，不能忽高忽低，喂前要加热到 38～40℃。要喂当日消毒牛奶，喂奶用具使用后必须清洗干净。喂奶时要采用自饮方式，需用奶瓶喂奶时，不要让嘴高于头顶，以防奶灌入气管，造成仔畜死亡。如遇仔畜腹泻，要及时减少喂奶次数和喂奶量，并要及时进行治疗。

（三）注意脐带的变化

新生仔畜易出现脐带出血和脐带炎，因此，要密切注意脐带变化。仔畜出生后，通常脐动脉依靠其收缩力而自行封闭。但有些仔猪由于肺膨胀不全或心脏卵圆孔封闭不全，使心脏机能发生障碍，影响脐静脉封闭，从而引起脐带出血；也有因用剪刀断脐时，切口血液凝固不全而引起出血。轻者脐静脉血液成滴流出，重者脐动脉血液成股流出，如治疗不及时往往因流血过多而导致仔畜死亡。发现这种情况要重新结扎脐带，并要将脐带断端在碘溶液中浸泡数分钟。如脐带断端过短，血管缩至脐带以内，可先用消毒纱布填塞，再将脐缝合。一般仔畜断脐后经 2～6 天即会干缩脱落，但若在断脐后消毒不严，脐带受到感染或被尿液浸润，或仔猪相互吮吸脐带均可引起感染，引发脐血管及其周围组织炎症，这种情况在犊牛和幼驹中比较常见。发生初期，在脐孔周围注射青霉素，若发生脓肿则应切开脓肿部，撒以磺胺粉，并用绷带保护。对坏疽性脐炎病例，要切除坏死组织，用消毒液清洗后，再用碘溶液、石炭酸或硝酸银腐蚀涂抹。

(四)预防疾病

1. 假死仔畜急救　仔畜出生后，呼吸发生障碍或无呼吸，仅有心脏跳动，称为假死或窒息。如不及时采取措施进行急救，往往会引起死亡。引起假死的原因很多，归纳起来有如下几种情况：分娩时排出胎儿过程延长，胎儿胎盘过早脱离母体胎盘，胎儿得不到足够氧气；胎儿体内二氧化碳积累，过早发生呼吸反射，吸入羊水；胎儿倒生时产出缓慢，脐带受到挤压，使胎盘循环受到阻滞；胎儿出生时胎膜未及时撕破等。

急救假死幼畜时，应先将幼畜后躯提高，擦净口鼻及呼吸道黏液和羊水。然后将连有皮球的胶管插入鼻孔及气管中，吸尽黏液。也可将仔畜头部以下浸泡在45℃的温水中，用力有节奏地按压左侧胸腹部，以刺激心脏跳动和呼吸反射。在猪、羊和驴，可将仔畜后腿提起抖动，并有节奏地轻压胸腹部，促使呼吸道黏液排出，诱发呼吸。如果上述方法无效，则可施行人工呼吸，将假死仔畜仰卧，头部放低，由一人抓仔畜前肢交替扩张，另一人将仔畜舌拉出口外，用手掌置于最后肋骨部两侧交替轻压，使胸腔收缩和开张。在采用急救手术的同时，可配合使用刺激呼吸中枢的药物，如皮下或肌肉注射25%尼可刹米1.5毫升，也可酌情使用其他强心剂。

2. 便秘　新生仔畜胎粪通常在生后数小时即能排出体外，如果生后1天不见胎粪排出，便是便秘。此病主要发生在体弱的仔畜，也常见于绵羊羔。新生仔畜便秘时表现不安、弓背、努责、前蹄扒地、后蹄踢腹、回头顾腹，继而不吃奶、出汗、呼吸和心跳加快、肠音消失、全身无力、经常卧地不起，直检时可掏出黑色、浓稠的粪块。便秘的治疗可采用温肥皂水或油剂灌肠，或服用蓖麻油、液体石蜡等，也可用手指插入肛门掏出粪块。为预防仔畜便秘发生，仔畜出生后应尽快让其吮食初乳或将油类泻剂灌入直肠。

三、产后母畜的护理

在分娩和产后期，母畜生殖器官发生很大变化。母畜在分娩过程中，由于胎儿的产出、产道的开张以及产道和黏膜的某些损伤，母体体能消耗过大，失去水分多，新陈代谢机能下降，抵抗力减弱，加之子宫内恶露的存在，均为病原微生物的侵入和感染创造了条件。如果对母畜的护理不当，不仅会影响母畜身体健康，还会使生产性能下降。因此，为使产后母畜尽快恢复正常，应注意加强护理，进行妥善的饲养管理，防止发生产后疾病。

对产后母畜的护理应注意保暖、防潮，避免风吹和感冒，要保持产房的干燥、清洁和安静。母畜分娩时由于脱水严重，一般都发生口渴现象，因此，产后要及时饮足够的温水或温麸皮水，以使母畜增强体质，有利恢复健康。切忌喝冷水。产后 1 周内，母畜的后躯、尾根和外阴每天要用消毒液清洗消毒。勤换洁净的垫草，供给质量好、营养丰富、易消化吸收的饲料，但牛产后头 10 天，羊产后头 3 天，猪产后 8 天饲料不宜喂太多，饲料要逐渐转为正常，以免引起胃肠消化紊乱和乳腺疾病。分娩后要随时观察母畜是否有胎衣不下、阴道或子宫脱出、产后瘫痪和乳房炎等病症发生，一旦出现异常现象，要及时诊治。

第七章　人工授精技术

第一节　家畜的配种方式及性行为

一、配 种 方 式

配种方式包括自然交配与人工授精两种类型。前者直接利用雄性动物使雌性动物受孕，是较原始和传统的繁殖技术；后者利用雄性动物的精液使雌性动物受孕，具有许多优点，是较先进的繁殖技术。

(一)自然交配

在动物生产中，有时限于条件，直接利用种公畜与发情母畜交配，这种配种方式称为自然交配。常见的自然交配方式有以下几种：

1. 自由交配　在群牧条件下，公、母畜混群饲养，只要母畜发情，任一公畜均可与其交配。这是一种不受人工控制的原始配种方式，难以进行配种记录，易引起近亲交配，使种群生产性能和遗传性能发生退化。

2. 分群交配　将母畜分成若干小群，每群根据需要放入一头或几头经选择的公畜，任其自由交配。这种方式可实现一定程度的选种选配，但仍然很难进行配种记录。

3. 圈栏交配　在公、母畜隔离饲养条件下，当母畜发情时，放入特定公畜圈栏进行交配。这种配种方式既可控制与配母畜的受配次数，又可提高公畜利用率，同时可实现比较严格的选种选配。

4.人工辅助交配　在公、母畜隔离饲养条件下，只在母畜发情时，才按既定选种选配计划，令其与特定的公畜交配，并在配种前对母畜外阴进行消毒，以防止生殖道疾病的传播。对体型悬殊的公、母畜还可采取适当的辅助措施，使公畜顺利完成交配。这种方法可完全实施严格的选种选配。

(二)人工授精

人工授精是在人工条件下利用器械采集种公畜的精液，经过品质检查、稀释、保存等适当的处理后，再用器械将精液输送到发情母畜生殖道内，使母畜受孕的配种方式。人工授精在家畜生产中具有重要意义：

1.最大限度地提高优秀种公畜的利用率　运用人工授精技术，一头种公畜一次射精可配种的母畜数是自然交配的几十倍，甚至几百倍。

2.加速品种改良　人工授精技术特别是冷冻精液的运用，极大限度地提高公畜的配种能力，因而使优秀种公畜的遗传基因迅速扩大，使其后代生产性能迅速提高，从而加速了品种改良。

3.大幅度减少种公畜的头数　采用人工授精技术后，由于大大提高了种公畜的利用率，所以只需保留极少数的优秀个体，即可满足繁殖需要，从而可节省饲养大量公畜的饲料及管理费用。

4.克服公、母畜体型悬殊而出现的交配困难　良种公畜一般体型较大，与本地小体型的母畜交配会有很多障碍，人工授精技术的运用可克服这方面的问题。

5.控制疾病传播　人工授精由于避免了公、母畜的直接接触，因此可以防止与性交有关的传染性疾病及其他疾病的传播。

6.精液可以长期保存和运输　精液的保存，尤其是冷冻精液的使用，极大地提高了公畜使用的时间性和地域性，母畜配种不受地方限制，并可开展国际间的交流和贸易，以代替种公畜的引进。

二、公畜的性行为

性行为是动物在两性接触中表现出来的特殊行为，是由动物体内激素和体外特殊因素（外激素及感官的神经刺激等）共同作用而引起的特殊反应。不同性别具有各自独特的性行为表现形式。公畜性行为的表现模式主要包括性激动、求偶、勃起、爬跨、交配、射精及性失效等连续的行为过程。它们是按一定顺序连续发生的系列性行为，因此又称为性行为链、性行为序列或性系列行为。公畜在性活动中的完整性行为链是顺利完成交配和人工采精的必要条件，性行为序列发生混乱或缺失，都可能造成公畜交配或采精的失败。

（一）性激动

性激动是指公畜接触母畜时所产生的性兴奋或性冲动现象。公畜可以通过感觉器官将异性刺激转变为神经冲动，激发求偶交配欲望。

（二）求偶

求偶是指公畜向母畜做出某些特殊姿势和动作，以诱使母畜接受交配的性行为表现。各种动物有其特殊的求偶形式，通常都有舔和嗅闻母畜的行为。除猪以外，其他公畜在嗅闻母畜尿液气味后，可出现“卷唇”。此外，公畜还常以特殊叫声或与母畜身体的接触来表现求偶的欲望。

（三）交配

交配包括勃起、爬跨和交配等几个连续发生而紧密结合的性行为。公畜在性激动和短促的求偶行为之后，很快发生阴茎部分勃起并迅速将前肢跨到母畜背上。如果母畜静立接受爬跨，公畜则将下颌部紧贴母畜背部，发动腹肌特别是腹直肌的突然收缩，使勃起的阴茎很快插入母畜阴道，完成交配过程。未进入发情生理状态的母畜，往往抗拒和躲避公畜的爬跨。单独饲养的后备公畜，在初次用于配种时，常常不能很快产生性兴奋，甚至逃避发情母畜的求偶行为，需要多次与母畜接触后才产生正常的交配行为。

(四)射精

射精是指公畜将精液排放在雌性生殖道内的过程。在交配过程中，牛和羊将精液射到子宫颈附近的阴道部位，称为阴道射精型；猪和马射出的精液直接进入子宫颈或者子宫深部，称为子宫射精型。牛、羊射精持续时间短，一般仅在数秒钟内完成射精过程。公猪交配时由于射精量大，分段射精，射精持续时间长，为 5～10 分钟，有时持续更长时间(15～20 分钟)。

(五)性失效

射精完毕后，公畜立刻爬下，结束交配，性欲消失。性失效的持续时间变化很大，个体间有很大差异。体质健壮而性欲强的青壮年公畜，可能在短时间后再度勃起而反复交配。公畜交配的频率因品种、个体、气候及性刺激的性质不同而有很大的差异。

性行为是在神经、激素、感觉器官和外激素等因素的共同作用下产生的，并相互协调。性激素为性行为的启动提供了生理信号，通过中枢神经系统的处理引起性行为。公畜的感觉器官则可通过刺激性激素的分泌或直接的神经反射，调节和支配性行为的发生。性行为不仅受遗传因素，而且也受到公畜的生活环境、生理状态以及以往的交配经验、畜群地位及交配前的性刺激等因素的影响。

第二节 采 精

精液的采集是人工授精的重要技术环节，能否得到量大、品质优良的精液是保证母畜受胎的前提。

一、采精前的准备

(一)采精场地的准备

采精应有固定的场地和环境,以便使公畜建立稳固的条件反射,同时也是保证人畜安全和防止精液污染的基本条件,最好在采精室内进行,采精场地应宽敞、平坦、清洁、安静。如无采精室,室外采精场地要注意地势平坦干燥、避风、肃静,周围有围墙。场内应有供母畜保定用的采精架或供公畜爬跨的假台畜,假台畜的安放要便于公畜爬跨和采精员的采精操作。采精场所还应配备喷洒消毒和紫外线照射装置。理想的采精场应设有室内、室外两个部分,并与精液处理室、输精操作室或畜舍相连。

(二)台畜的准备

台畜的选择要尽量满足种公畜的要求,可利用活台畜或假台畜进行采精。采精时用发情良好的母畜作活台畜效果最好,经过训练过的公、母畜也可作台畜。要求活台畜性情温顺、体壮、大小适中、健康无病。采精前,将台畜保定在采精架内,对其后躯特别是尾根、外阴、肛门等部位进行清洗、擦干,保持清洁。

应用假台畜采精,简单方便且安全可靠,各种家畜均可采用。假台畜可用木材或金属材料等制成,要求大小适宜、坚固稳定、表面柔软干净,模仿母畜的轮廓或外面披一张与公畜同种的畜皮即可。猪的采精台更为简单,可做成轻巧灵活的长凳或具有高低调节的装置。

(三)采精公畜的准备和调教

公畜采精前必须用诱情的方法促使公畜有充分的性兴奋和性欲,尤其对性欲迟钝的公畜要采取改换台畜、变换位置及观摩其他家畜爬跨等方法。

利用假台畜采精,种公畜则必须进行调教,使其建立条件反射，方法是：

①在假台畜旁边拴系一发情母畜，让待调教公畜爬跨发情母畜，但不使其交配，然后拉下，反复几次当公畜的性兴奋达到高峰时将其牵向假台畜，成功率较高。

②在假台畜后躯涂抹发情母畜的阴道分泌物或外刺激素，以引起公畜的性兴奋并引诱其爬跨假台畜，多数公畜经过经几次调教即可成功。

③可将待调教的公畜拴系在假台畜附近，让其观看另一头已调教好的公畜爬跨假台畜采精，然后再让其爬跨。

在调教过程中，一定要反复进行训练，耐心诱导，切忌逼迫、抽打、恐吓等不良刺激，以免引起调教困难。第一次采精成功后，还要经过几次反复，并注意非配种季节也要定期采精，从而巩固公畜建立的条件反射。

二、采 精 方 法

公畜的采精方法有多种，目前比较常用的方法有假阴道法、手握法、电刺激法、按摩法等。

（一）假阴道法

假阴道法适用于各种家畜。它是通过模拟母畜阴道环境条件而设计的假阴道，诱导公畜在其中射精而取得精液的方法。应用该方法采精的三个主要条件是假阴道的温度、压力和润滑度。

1. 假阴道的结构　假阴道是一圆筒状结构，主要由外壳、内胎、集精杯（瓶、管）及附件构成。外壳由硬橡胶或轻质铁皮制成，其上有一个带开关的小孔，可由此注入温水和吹入空气。内胎为柔软而富有弹性的橡胶制成，装在外壳内，构成假阴道内壁。集精杯由暗色玻璃或橡胶制成，装在假阴道的一端。此外，还有固定并保温集精杯用的外套、固定内胎用的胶圈、连接集精杯用的橡胶漏斗、充气调压用的气卡等。各种家畜的假阴道结构基本相同，但形状各异，大小不一。

2. 假阴道的安装　假阴道在使用前要按照如下步骤进行安装：

(1)洗涤　假阴道的主要部件如内胎和集精杯等，在使用前一天以1%～2%的碳酸氢钠溶液彻底洗涤，也可配合使用肥皂脱去油脂，再用清水冲洗3～4遍，然后晾干。

(2)安装内胎　采精的当天，将内胎的光滑面向里粗糙面向外，置于外壳内拉直，再将内胎两端外翻在外壳的两端，用胶圈加以固定，防止滑脱。

(3)消毒　以长柄镊夹取75%酒精浸湿的纱布块，全面涂擦内胎进行消毒。待消毒彻底后，再安装集精杯。集精杯可用蒸煮或酒精消毒。

(4)冲洗　将灭菌的内胎和集精杯，用经灭菌的稀释液冲洗2～3次(洗掉酒精或蒸馏水)。

(5)注水　由假阴道外壳的注水孔注入占假阴道夹层腔体积2/3左右的热水，水温一般为45～50℃，注水量应因畜种和个体的不同而异。

(6)涂润滑剂　用灭菌的玻璃棒蘸取灭菌的润滑剂(用医用凡士林和液体石蜡配成)涂至假阴道前段1/2处，以润滑其内腔。

(7)调压　根据不同种类、品种和个体的要求，再注入一定量的空气，以维持假阴道内腔适宜的压力，刺激阴茎产生射精反射。

(8)测温　临采精时，用灭菌的水温计插入假阴道内测试其温度，以38～40℃为宜。

3. 采精操作　利用假台畜采精时，将安装调试好的假阴道安置在假台畜的后躯内，任由公畜爬跨台畜在假阴道内射精，来收集精液。假台畜体内的阴道集精杯端要稍向下倾倒，以防精液倒流。

利用活台畜采精时,采精人员应站在台畜的右后侧,当公畜爬跨上台畜时,一手握包皮,一手用盛有蒸馏水的清洗器清洗公畜的阴茎。待公畜第二次爬跨台畜时,将假阴道立即紧靠(牛)或固定(马)于台畜尻部右侧,使其倾斜 35°左右与公畜阴茎伸出的方向一致,迅速将阴茎导入假阴道内,任其自由抽动数次射精。射精时,要将假阴道集精杯一端向下倾斜,以便精液流入集精杯内。当公畜爬下时,采精人员应持假阴道随阴茎后移,打开开关,放出空气,当阴茎自行软缩脱出后迅速而自然地取下假阴道,立即送入精液处理室检查,取下集精杯,盖上集精杯盖。

手握假阴道对不同动物采精的注意事项:

①公牛和公羊对温度比压力敏感,因此对假阴道内温度要求较高,应用手握包皮将阴茎导入假阴道,避免用手抓握阴茎,否则会造成阴茎回缩。牛、羊交配时间短,只有几秒钟,向前一冲即行射精。因此,要求采精者动作迅速敏捷。

②公马、公驴对假阴道内压力比温度更为敏感,可以直接用手握住阴茎导入假阴道;由于阴茎在阴道内抽动片刻才能射精,因此公马、公驴采精时要牢固地将假阴道固定于台畜尻部,并使假阴道的入口端向公畜阴茎方向倾斜,以增加压力。当公马(公驴)头部下垂,啃咬台畜鬐甲,臀部肌肉和肛门出现有节律颤抖时即为射精,此时需使假阴道向集精杯方向倾斜,以免精液倒流。

③公猪对压力要求高,阴茎龟头被假阴道固定才能射精,因而要通过双球有节奏地施加压力。公猪射精时间长达 5~7 分钟,且精液量大,注意防止精液侧漏。

④公兔采精时,手握假阴道置于台兔后肢的外侧,在公兔爬跨台兔时,将假阴道口趋近阴茎挺出的方向。公兔阴茎一旦插入假阴道内,前后抽动数秒,然后向前一挺,后肢蜷缩向一侧倒下,发出“咕”的叫声,表示已射精。

(二)手握法

手握法是公猪采精常用的方法。该法设备简单,操作方便,可选择性地采集猪的浓份精液,但精液容易污染和受低温打击的影响。

手握法采精是模仿母猪子宫颈对公猪螺旋阴茎龟头约束力而引起射精的,因此适当的压力十分重要。

采精时,采精员一只手戴灭菌乳胶手套,另一只手持集精杯(杯口盖 2～3 层灭菌纱布)蹲在假台猪左侧,待种公猪爬跨台猪后,先用消毒液清洗消毒公猪的包皮及其附近被毛,然后用生理盐水冲洗并擦干。将手握成空拳,当阴茎从包皮内伸出时将其导入空拳,待其抽动一会儿,拳握阴茎松紧呈节律性地施加压力,以不使阴茎滑脱为准,待阴茎充分勃起时,顺势牵引向前,公猪就会射精,此时,握阴茎的手应停止施加压力,也不能使阴茎滑脱。另一只手持集精杯,收集富含精子的精液。公猪排精时间可持续 5～7 分钟,分 3～4 次射出,第一次射出的精液,精子较少,可不收集。每次射精停止后,应按此法再次操作,直至射精完全结束。

(三)电刺激法

电刺激法是利用电刺激采集器,通过电流刺激公畜(雄兽)引起射精而进行采精的一种方法。该法适用于各种家畜和动物,尤其对于那些种用价值高而失去爬跨能力的优良种畜或不适宜用其他方法采精的小动物和野生动物,更具有实用性。

电刺激采精器由电流控制器和电极棒两部分组成。采精时依据动物种类、大小、个体特性等,适当调节好频率、刺激电压、刺激电流及通电时间。采精畜禽可实行站立和侧卧姿势保定,对一些不易保定的野生动物可用保定宁、静松灵和氯胺酮进行药物麻醉。先行剪去包皮及其周围的毛,以生理盐水擦净。灌肠清除直肠内宿粪,将涂抹润滑剂的电极棒插入肛门,抵达到输精管壶腹部,插入的深度，牛、鹿为20～25厘米，羊为10厘米，犬为5～10厘米，熊为15～20厘米，兔为5厘米，禽类为4厘米。采精时，先开电源，调节电流控制器，确定频率和通电时间，再调整电压，由低逐渐增强，加大刺激强度，直到动物阴茎伸出，直接截取排出的精液。各种动物电刺激采精的刺激参数见表7-1。电刺激法采集的精液量一般较多，但精子密度较低。

表7-1 各种动物电刺激采精的刺激参数

畜种	频率（赫）	刺激电流（毫安）	刺激电压（伏）	通电时间（秒）	
				持续	间隔
牛	20～30	150～250	3—6—9—12—16	3～5	5～10
绵羊、山羊	40～50	40～100	3—6—9—12	5	10
猪	30～40	50～150	3—6—9—12—16	5～10	5～10
梅花鹿、马鹿	40	200～250	3—6—9—12—16	10	10
大熊猫	30～40	40～100	3—6—9—12—16	3～5	5～10
家兔	15～20	100	3—6—9—12	3～5	5～10

（四）按摩法

按摩法是通过采精人员的手指对雄性动物的生殖器官及副性腺进行刺激，以引起性欲而出现射精的一种方法。此法适用于牛、犬和禽类。

1. 牛的按摩采精　操作时先将公牛直肠内的宿粪排除，再将手臂伸入直肠（约25厘米）达膀胱背侧稍后部位，轻轻按摩精囊腺，刺激精囊腺分泌物自包皮流出，然后将食指放在两输精管末端的壶腹部之间，壶腹部一侧为中指和无名指，另一侧为拇指。同时，手指由前向后滑动并轻轻伴以压力，反复进行按摩，即可引起公牛精液流出。由助手将精液接于集精管中。

为减少细菌污染，助手最好配合在公牛后腹部由上向下按摩阴茎的S状弯曲部，使阴茎伸出包皮外，利于精液收集。用该方法采精比用假阴道法所采集的精液精子密度低，细菌污染程度高。

2.犬的按摩采精　操作时右手戴上乳胶手套，轻轻地握住公犬阴茎龟头球部，左手拿住集精杯位于公犬的左侧准备收集精液。给予龟头球部以适当的压力并作前后按摩，当阴茎充分勃起后30秒左右即开始射精，一般持续1～3分钟。采精时不得使阴茎接触器械，否则会抑制射精。

三、采精频率

采精频率是指每周对种畜的采精次数。合理安排采精频率是维持公畜健康和最大限度采集精液的重要条件。各种动物的采精频率应根据其精子产生数量、附睾内精子的贮存量、每次射精量、精子活力和饲养管理水平等因素来决定。采精过频会降低精液品质，引起公畜生殖机能下降、体质衰弱，缩短使用年限等不良后果；采精频率不足，则会使死精子比率上升，精液品质下降。

在生产中，成年种公牛通常每周采精2～3次，每天可连续采精2次，两次间隔时间可在20分钟左右，或隔日采精1次；青年公牛精子产量较成年公牛少1/2～1/3，采精频率应酌减。公猪、公马射精量大，最好隔日采精1次，如果需要每天采精，可连续2天后，休息1～2天。绵羊和山羊的配种季节短，射精量小而附睾贮存量大，在配种季节内可每天连续采精3～4次，但每周应休息一天。犬可隔日采精一次。

各种动物在连续采精过程中，如果发现公畜性欲下降，射精量明显减少，精子密度降低，镜检时精子尾部带有原生质滴的未成熟精子比例增加，应减少采精次数，加强饲养管理。不同畜种采精频率参见表7-2。

表 7-2 正常成年公畜的采精频率及其精液特性

畜种	每周采精次数	平均每次射精量（毫升）	平均每次射出精子总数(亿)	平均每周射出精子总数(亿)	精子活率(%)	正常精子数(%)
奶牛	2～6	5～10	50～100	150～400	50～75	70～95
肉牛	2～6	4～8	50～100	100～350	40～75	65～90
水牛	2～6	3～6	36～89	80～300	60～80	80～95
马	2～6	30～100	50～150	150～400	40～75	60～90
驴	2～6	20～80	30～100	100～300	80	90
猪	2～5	150～300	300～600	1 000～1 500	50～80	70～90
绵羊	7～25	0.8～1.2	16～36	200～400	60～80	80～95
山羊	7～20	0.5～1.5	15～60	250～350	60～80	80～95
兔	2～4	0.5～2.0	3.0～7.0		40～80	

第三节 精液品质检查

通过精液品质的检查可以鉴定精液品质的优劣，决定精液样品的取舍，决定精液的稀释倍数以及作为冷冻精液生产的依据，同时也能反映种公畜的饲养管理水平、生殖器官的机能状态等。现行精液品质的检查主要包括外观检查、显微镜检查、生物化学检查及细菌学检查。

一、外观检查

（一）云雾运动

正常未经稀释的牛、羊精液因精子密度大、活力强，肉眼观察时，可见精液呈上下翻腾状态，像云雾一样，称为云雾状。精液的质量越好，这种状态越明显。马、猪的精液精子密度低，云雾状不明显或者不能观察到。

(二)色泽

动物正常精液的色泽一般为乳白色、浅灰色或浅乳黄色。精液密度越高,色泽越深,反之,则越淡。牛、羊正常精液呈乳白色或浅乳黄色;水牛为乳白色或灰白色;猪、马、兔为淡乳白色或灰白色。如果精液颜色异常属不正常现象,如精液呈淡绿色是混有脓液,呈淡红色是混有血液,呈黄色则可能是混有尿液,均应弃去或停止采精并及时查明病因,给予治疗。但公牛有时吃了某些含核黄素的饲料也可使精液颜色变为黄色,这对精液品质没有影响。此种情况应注意与含尿的精液相区别,后者有明显的尿味。

正常精液中不应含有块状物或絮状物,这些物质可能是生殖道炎症,特别是精囊腺的炎性渗出物;更不应有尘土、毛发和其他异物。

(三)气味

动物精液一般略有腥味,有的动物带有其本身固有的气味,如牛、羊精液略有膻味。气味异常通常伴有色泽的改变。如有异味,可能是混有尿液、脓液、尘土、粪渣或其他异物,应废弃。

(四)射精量

射精量是指公畜一次采精射出精液的总量。可以从有刻度的集精管上测得,或直接用小量筒或注射器针管测量。但猪、马、驴的精液应先用灭菌纱布或特制过滤纸过滤,除去精液内含有的胶状分泌物后再测量。各种家畜的射精量见表 7-2。射精量因动物种类、品种及个体不同而有差别。每头公畜的射精量一般都保持在一定的范围内,如果射精量太多,可能是由于过多的副性腺分泌或其他异物(尿、假阴道漏水)混入;如果射精量太少,可能是由于采精方法不当,采精过频或生殖器官机能衰退等造成。评定公畜正常射精量不能仅凭一次采精记录,应以一定时间内多次采精总量的平均数为依据,精液量不包括精液中的胶状物。

二、显微镜检查

(一)精子活率

精子活率又称精子活力，是指精液中直线前进运动的精子数占总精子数的百分比。它与精子的受精能力密切相关，是评定精液品质的一个重要指标。一般在采精后、精液稀释后、降温平衡后、冷冻后、解冻后和输精前都要评定。

1. 检查方法　精子活率评定常采用目测法。评定时借助光学显微镜，对精液样品中前进运动精子所占百分比进行估测。检查时，密度大的牛、羊精液和猪的浓份精液，可用生理盐水或稀释液将原精液加以稀释。牛、羊精液通常稀释 100 倍，猪、马精液需稀释 10 倍。精液样品制成压片，取一滴精液于载玻片上，盖上盖玻片，置于 37～38℃显微镜恒温台或保温箱内，在 400 倍下观察精子运动状态并评定精子活率的等级。

2. 评定　评定精子活率多采用 0～1.0 的 10 级评分制，即所观察的精子 100％呈直线前进运动者评为 1.0，90％呈直线前进运动者评为 0.9，依此类推。也可用 5 分制评定，即所观察的精子 100％呈直线前进运动的评为 5 分；80％的精子直线前进运动评为 4 分；60％的精子直线前进运动评为 3 分；40％的精子直线前进运动评为 2 分；20％的精子直线前进运动评为 1 分。观察时应将原地旋转、倒退或原地摆动的精子与直线前进运动的精子相区别。

一般新鲜精液活率为 0.7～0.8，黄牛一般比水牛高，驴比马高，猪的浓份精液与牛的相似。输精用的液态保存精液活率应在 0.5 以上，冷冻精液活率应在 0.3 以上。

(二)精子密度

精子密度也称为精子浓度，指每毫升精液中所含的精子数。精子密度的大小直接关系到精液稀释倍数和输精剂量的有效精子数,也是评定精液品质的重要指标之一。采用估测法、血细胞计数法、光电比色计测定法、电子颗粒计数仪测定法进行测定。

1.估测法　通常与检测精子活率同时进行,在低倍(10×10)显微镜下根据精子的稠密程度及其分布情况,将精子密度粗略分为“密”“中”“稀”三级。

密:指整个视野内充满精子,几乎看不到空隙,很难见到单个精子活动,每毫升含精子数约10亿以上。

中:在视野内精子之间有相当于一个精子长度的明显空隙,可见到单个精子活动,每毫升所含的精子数在2亿~10亿之间。

稀:视野内精子之间的空隙很大,超过一个精子长度的空隙,甚至可查清所有精子的个数,每毫升所含精子数为2亿以下。

这一方法受检查者的主观因素影响,误差较大。

2.血细胞计数法

基本原理:血细胞计数板的计数室深0.1毫米,底部为正方形,长、宽各是1.0毫米。底部正方形又划分成25个中方格,每个中方格分为16个小方格。通过计数和计算求出该计数室0.1毫米^{3}精液中的精子数,再根据稀释倍数计算出每毫升精液中的精子数。

基本操作步骤如下:

(1)在显微镜下找到血细胞计数板的计数室　寻找方格时,先用低倍镜看到整个格的面貌,然后再用高倍镜进行计数。

(2)稀释精液　用吸管吸取精液(牛、羊用红细胞吸管,马、驴、猪用白细胞吸管)至一定刻度,用纱布弃去吸管尖端所附着的精液。吸取3% NaCl溶液于规定刻度(表7-3)。用拇指和中指按住吸管两端,振荡2~3分钟,使其混合均匀。然后取一滴稀释后精液滴于计数板上的盖玻片边缘,使精液渗入到计数室内,充满其中,不得有气泡。

表 7-3 精液稀释倍数

畜种	吸管种类	吸取所至刻度		稀释倍数
		精液	3% NaCl	
牛、羊	红细胞吸管	0.5	101	200
		1.0	101	100
猪、马	白细胞吸管	0.5	11	20
		1.0	11	10

(3)镜检 在 400 倍显微镜下统计出计数室的四角及中央共 5 个中方格 80 个小方格内的精子数。查精子数时，以精子头部为准，对于每个中方格内头部压边线的精子，则采取“数上不数下，数左不数右”的办法，以免重复和漏掉。然后计算出每毫升被测原精液所含精子数，公式为：

1 毫升原精液内精子数 =5 个中方格内精子数
×5(整个计数室 25 个中方格)
×10(1 毫米^3 精子数，计数室高 0.1 毫米)
×1 000(1 毫升精液内精子数)
×稀释倍数

即 1 毫升原精液内精子数=5 个中方格内精子数×5×10×1 000×稀释倍数。

为了减少误差，应连续检查两次，求其平均值。如两次差异较大，要求作第三次检查。

3. 光电比色计测定法 光电比色计(分光光度计)测定法是目前准确、快捷评定精子密度的一种方法。其原理是根据精子数越多，精子浓度越高，其透光性越低的特性，利用光电比色计通过反射光和透光度来估测精子密度。

精液样品密度和样品透光率之间的线性关系用对数来表示。在使用光电比色计之前，先根据血细胞计数板计算出精液样品中的精子数，再确定精子数量相对光密度的标准曲线，然后根据标准曲线上的光密度值来计算未知样品的精子密度。

一般检测样本时，先用2.9%的柠檬酸钠溶液将精液作一定比例稀释，通常的稀释倍数是80、100或160，然后用光电比色计测定其透光值，再根据精子数量相对光密度的标准曲线计算出未知样品的精子密度。

最新型的精子密度测定仪已事先把标准曲线贮存在控制仪器的微电脑中，使用时自动对测定的精液样品稀释，可直接计算出或打印出样品的精子密度、建议的稀释倍数和稀释液的加入量等项目的数据，可快速、准确、方便地测定精子密度。

4.电子颗粒计数仪测定法　电子颗粒计数仪能准确测定精子密度，其准确度比血细胞计数或光电比色计更高。使用时该仪器被调整到测定颗粒物挡位，以便只对样品中的精子细胞进行计数。已作稀释的精液样品通过一个特制的直径很小的毛细管时，每次只有一个精子细胞在两个电极之间通过。精子头部引起的电阻陡增被计数器记录。但仪器价格昂贵，在生产中的推广应用受到限制。

(三)精子活动力

精子的活动力关系到精子在母畜生殖道内的运行以及与卵子结合的能力，也是精液品质评定的主要指标。

精子活动力的检测方法是：取一滴精液(若为原精液可用等渗溶液如生理盐水或稀释液加以稀释、混匀后)置于载玻片上，盖上盖玻片，在37～38℃显微镜恒温台或保温箱内，于400倍镜下观察精子活动状态，按以下五种活动状态进行评定。

强：精子呈现最活跃的直线前进运动。

较强：精子呈现较活跃的直线前进运动。

一般:精子呈现缓慢的直线前进运动。

弱:精子呈现旋转运动或原地摆动。

无:精子呈现完全不动的状态。

(四)精子形态

精子形态正常与否与受精率有着密切的关系。精液中如果含有大量畸形精子或顶体异常精子,受胎率就会降低。精子形态检查一般分为精子畸形率和顶体异常率两项内容。

1. 精子畸形率　凡形态和结构不正常的精子统称为畸形精子。正常精液中常有一定比例的畸形精子,一般不超过20%。优秀精液的精子畸形率必须在一定数量之下:牛18%,水牛15%,羊14%,猪18%,马12%。

精子畸形率的检测方法是:取一小滴被测精液(密度大的牛、羊等动物精液需用生理盐水稀释)置于载玻片一端,用另一载玻片与精液接触并以30°角平稳地向前推进,使精液均匀地涂抹在载玻片上,待自然干燥后,用95%的酒精固定3分钟,然后置于蓝墨水(或伊红、龙胆紫、美蓝)中染色5分钟,再用蒸馏水冲洗干净,自然干燥后即可在400倍显微镜下观察,检查不同视野的精子数(不少于200个),计算出畸形精子百分率。

精子畸形率=畸形精子数/计算精子总数×100%

精子畸形根据发生的部位可分为四类:

头部畸形:如头部巨大、瘦小、细长、轮廓不明显、皱缩、缺损、双头等。

颈部畸形:如颈部膨大、纤细、曲折、不全、带有原生质滴、不鲜明、双颈等。

中段畸形:如中段膨大、纤细、不全、带有原生质滴、弯曲、曲折、双体等。

主段畸形:如主段弯曲、曲折、回旋、短小、缺陷、带有原生质滴、双尾等。

畸形精子以中段和主段的畸形出现较多。

导致精子畸形的原因主要有：

①精子生成过程中不良内外环境的影响，如热应激可使大量精子受到损害；高温可致雄性不育长达6周，在其恢复期精液中会出现大量畸形精子；睾丸早期发育不良或中途萎缩，也会引起精子畸形率的增加。

②副性腺及输精管道分泌物的病理变化。

③精液处理不当，精子遭受外界不良环境的刺激。

④繁殖管理或饲养管理不当，如采精(配种)频率过高，带有原生质滴等不成熟的精子数增加；长期失配造成附睾中精子衰老解体，产生残缺不全的精子。

⑤季节，如绵羊在春季畸形精子数较多，并随繁殖季节的临近而下降。高温季节，精子畸形率明显增高。

⑥其他，如遗传与年龄等因素也有影响，随着公畜年龄的增长，精子畸形率往往趋升。

2.精子顶体异常率　精子顶体在受精过程中具有重要作用，一般认为只有呈前进运动且顶体完整的精子才具有正常受精能力。在正常情况下，新鲜精液中存在一定比例的顶体异常精子。牛精子的顶体异常率为5.9%，猪为2.3%。如果精子顶体异常率显著增加，牛超过14%，猪超过4.3%会直接影响其受精率。

精子顶体异常有膨大、缺陷、部分脱落、全部脱落等数种。顶体异常的出现可能与精子产生过程和副性腺分泌物异常有关，另外精液在体外保存时间过长，遭受低温打击，特别是冷冻方法不当等原因也会造成。

精子顶体异常率常用的检测方法是：将精液制成抹片，自然干燥2～20分钟，以1～2毫升的福尔马林磷酸缓冲液固定；对含有卵黄、甘油的精液样品需用含2%甲醛的柠檬酸钠液固定。静置

15 分钟，水洗后用姬姆萨液染色 90 分钟或用苏木精染液染色 15 分钟，水洗，风干后再用 0.5%伊红染液复染 2～3 分钟。水洗、风干，置于 1 000 倍显微镜下用油镜检查。每张抹片须观察 300 个精子，统计出精子顶体异常率。

近年来，一些研究人员用荧光染料 FITC-PSA/Hoechst 33258 对精子染色，借助荧光显微镜来检查精子顶体状态，该法检查更加准确和迅捷，但在生产中的应用受到设备和技术的限制。

(五)精子存活时间及存活指数

精子存活时间是指精子在一定条件下体外的总生存时间；而精子存活指数是指平均存活时间，表示精子活率下降速度。精子存活时间和存活指数与受精率密切相关。

检查方法是：将稀释并经活力检查后的精液(分成若干等份)置于一定的温度(0℃或 37℃)，间隔一定时间(4～8 小时)检查活率，直至无活动精子为止。开始稀释检查至倒数第二次检查之间的间隔时间，加上最后一次与倒数第二次检查间隔时间的一半为精子总存活时间。而相邻两次检查的平均活率与间隔时间的积相加总和为存活指数。精子存活时间越长，存活指数越大，精子生活力就越强，品质就越好。

三、生物化学检查

精液的生物化学检查主要是通过对精清的生化分析判断精子的代谢能力和副性腺及其分泌物是否正常，在一定程度上反映了精子的生理特性及其受精潜能。主要检查以下几个方面。

(一)pH 测定

一般新采集的原精液 pH 近中性，正常 pH 牛、羊为 6.5～6.9，马、猪为 7.4～7.5。但家畜精液的 pH 随畜种、个体、采精方法及副性腺分泌物等因素的影响而有所变化。如黄牛用假阴道法采得的精液 pH 为 6.4，而用按摩法采集的精液 pH 为 7.85；猪最初射出的精液为弱碱性，而采集精子浓厚部分的精液则呈弱酸性。公畜患有附睾炎或睾丸萎缩症时，其精液偏碱性。

检查方法是：将一滴精液滴于 pH 6.4～8.0 的精密试纸上，或用 pH 计测定。

（二）精子耗氧量测定

精子的耗氧量通常按 1 亿精子在 37℃温箱 1 小时所消耗的氧量计算，在家畜一般为 5～22 微升。耗氧量多少与精子活力和密度有密切关系。有报道测得牛、鸡、兔、绵羊精子的耗氧量分别为 21、7、11、22 微升。精子活力好的耗氧量多，活力差的耗氧量少。

（三）果糖分解试验

精子在代谢过程中消耗精液中游离的果糖和磷酸果糖，果糖消耗的快慢与精液的精子密度、活力及代谢能力有关。果糖消耗的快慢，通常用果糖分解指数表示，即测定 1 亿个精子在 37℃，厌氧条件下每小时消耗果糖的毫克数。

测定方法：在厌氧条件下，将一定量的精液（如 0.5 毫升），在 37℃温箱中孵育 3 小时，其间每隔 1 小时取出 0.1 毫升精液样品进行果糖定量分析，将所得结果与其孵育前果糖的含量比较，即可计算出果糖的分解指数。

（四）美蓝褪色试验

美蓝是一种氧化还原剂，氧化时呈蓝色，还原时无色，对精子无毒性。当精子在美蓝溶液中呼吸时氧化脱氢，美蓝获得氢离子而被还原，由蓝色变为无色。根据美蓝褪色时间的快慢可测知精液中存活精子数量的多少，判断精子活率和密度的高低。

方法：取等量 0.01％美蓝盐水与原精液混匀，立即吸入内径 0.8～1 毫米，长 6～8 厘米的毛细玻璃管内，使液柱高 1.5～2.0 厘米，以白纸衬底，在 18～25℃下观察计时。品质优良的牛、羊精液褪色时间分别在 10 分钟和 7 分钟内，中等者分别为 10～30 分钟和 12 分钟，低劣者分别在 30 分钟和 12 分钟以上。马和猪精液褪色时间一般在 60 分钟以上，此法不适用。马和猪精液可用改进的方法：取 0.2 毫升 0.02%美蓝生理盐水和 0.8 毫升原精液加入 1 毫升小试管内混匀，上盖石蜡油，在 40℃观察计时。品质良好的精液褪色时间为 1～4 分钟，中等的 3～5 分钟，劣等的在 10 分钟以上。

四、细菌学检查

精液的细菌学检查主要检查精液的菌落数及其病原微生物。如果精液中存在大量微生物，不仅会影响精子寿命和降低受精能力，而且还将导致有关疾病的传播。精液中微生物的来源与雄性生殖器官疾病和人工授精操作的卫生条件密切相关。

检查方法：取溶解后普通琼脂冷却至 45～50℃，加入无菌脱纤维血液或血清 10%～20%，混合均匀后，倒入灭菌平皿中，置于 37℃恒温培养箱内培养 1～2 天，确认无菌时才可应用。

用灭菌生理盐水将精液稀释成 1∶10、1∶100、1∶1 000，以至 1∶10 000 倍；然后用灭菌吸管吸取各稀释倍数的精液 0.2 毫升，分别注入各血清琼脂培养皿内；将培养皿置于 37℃温箱培养 24 小时；取出各皿检查，计算每毫升原精液内的细菌数。

各培养皿中菌落分布应合理，即稀释倍数越高的培养皿中菌落数目越少。否则，需要重作。如果每毫升精液中的细菌菌落数超过 1 000 个，则视为不合格精液。

第四节　精液的稀释与保存

精液稀释是指向精液中加入适量适宜于精子存活、保持其受精能力的稀释液。它是人工授精的一个必要环节。精液稀释可扩大精液量，增加与配母畜头数；抑制细菌的繁衍，延长精子在体外的存活时间；供给精子代谢的营养，增强受精能力；防止精子遭受冷打击，缓冲不良环境的危害；便于精液的保存和运输，提高优良种公畜的利用率。

一、稀释液的种类

根据稀释液的用途和性质，可将稀释液分为以下四类。

(一)现用稀释液

此类稀释液适用于采集的新鲜精液经稀释后，立即输精用。使用的目的是扩大精液量，增加配种头数。现用稀释液通常以简单的等渗糖类或奶类配制而成，也可用生理盐水作为稀释液。

(二)常温保存稀释液

此类稀释液适用于精液的室内短期常温保存，一般 pH 较低。

(三)低温保存稀释液

此类稀释液适用于精液的低温保存，以卵黄和奶类为主要成分，具有抗冷休克的作用。

(四)冷冻保存稀释液

此类稀释液适用于精液冷冻保存，其稀释液成分较为复杂，具有糖类、卵黄，还有甘油或二甲基亚砜等抗冻剂。

二、稀释液的成分和作用

(一)稀释剂

主要用于扩大精液的容量。稀释液的基本要求是与精液有相等的渗透压，如生理盐水、葡萄糖等渗溶液等。

(二)营养物质

营养物质用于提供营养，以补充精子生存和运动所消耗的能量。常在稀释液中加入的营养物质主要有葡萄糖、果糖、乳糖等糖类以及卵黄和奶类(鲜全奶、脱脂乳或纯奶粉)等。

(三)保护性物质

保护性物质主要对精子起保护作用，中和、缓冲精清对精子保存的不良影响，防止精子受“低温打击”，抑制微生物的繁殖。

1.缓冲物质　缓冲物质可以保持精液适当的 pH，利于精子存活。常用缓冲物质有柠檬酸钠、碳酸氢钠、磷酸氢二钠、磷酸二氢钾等，以及近年来应用的三羟甲基氨基甲烷、乙二胺四乙酸二钠等。

2.非电解质和弱电解质　具有降低精清中电解质浓度的作用。精清中较高的电解质浓度，在生理上具有激发精子活动，利于精子和卵子结合的作用，但同时也能促进精子早衰，破坏精子脂蛋白膜，使精子失去电荷聚集能力，不利于精液的保存。因此，在稀释液中加入适量的非电解质或弱电解质，可以降低精清中的电解质浓度。常用的非电解质、弱电解质有各种糖类、氨基酸等。

3.抗冻物质　具有抗冷冻危害的作用。在冷冻过程中，精子内外环境的水必须经历由液态到固态的转化过程。这种物态的转化最易对精子造成危害，而抗冻物质有助于减轻或消除这种危害。一般常用的抗冻保护物有甘油和二甲基亚砜(DMSO)等。

4.防冷刺激物质　具有防止精子冷休克的作用。在保存精液时常需降温处理，而精子内含有的缩醛磷脂在低温下容易凝结，不能被精子所利用，容易造成精子不可逆的冷休克而丧失活力。卵黄和奶类等因含有卵磷脂，其熔点低，在低温下不易被冻结，加入精液后可透入精子内以代替缩醛磷脂，故可以防止精子冷休克而起到保护作用。

5.抗菌物质　具有抗菌作用。在采精过程中即使严格操作，也难免要受到某些细菌等有害微生物的污染，而精液和稀释液又都是病原微生物良好的培养基，为了防止微生物的污染，在稀释液中均要加入抗菌药物。常用的抗菌药物有青霉素、链霉素、氨苯磺胺，以及林可霉素、多黏菌素、氧氟沙星、恩诺沙星等。

(四)其他添加剂

常用的有酶类、激素类、维生素和 pH 调节物等，主要是改善精子外在环境的理化特性，调节母畜生殖道的生理机能，提高受精机会。如过氧化氢酶能分解精子代谢过程中产生的过氧化氢，消除其危害，维持精子活率；添加催产素、前列腺素可促进母畜生殖道的蠕动，提高受精率；维生素 B_1、维生素 B_2、维生素 B_{12}、维生素 C 等能改善精子活率。

三、稀释液的配制方法

稀释液原则上是现用现配，配制时应注意以下几点：

(1)配制稀释液的一切用具都必须彻底清洗消毒，使用前还须用稀释液冲洗数次。

(2)配制稀释液的各种药品、原料品质要纯净，一般选用化学纯或分析纯，称量要准确，充分溶解，过滤后消毒。

(3)配制稀释液所用的蒸馏水或去离子水必须是新鲜的，pH 呈中性。

(4)稀释液必须保持新鲜，如果有条件，可经过消毒、密封，置于冰箱中存放 1 周，但卵黄、酶类、激素类成分，必须用时加入。

(5)使用的奶类应在水浴中灭菌(90～95℃)10 分钟，除去奶皮；卵黄要取自新鲜鸡蛋，取前要对蛋壳消毒。

(6)抗生素、酶类、激素、维生素等添加剂必须在稀释液冷却至室温时，按用量加入。

四、稀释的方法和倍数

(一)精液稀释方法

精液在稀释前应首先检查其活率和密度，然后确定稀释倍数。

所有用具在稀释前必须用稀释液清洗。将精液与稀释液同时置于30℃左右的恒温箱或水浴锅内，进行短暂的同温处理，稀释时，将稀释液沿器皿壁缓缓加入精液内，并轻轻摇动，使之混合均匀。如做高倍稀释(20倍以上)时，分两步进行，先加入稀释液总量的1/3～1/2，混合均匀后再加入剩余的稀释液。稀释完毕后，再进行活率、密度检查，如活率与稀释前一样，则可进行分装、保存；如果活率下降，则说明稀释或操作不当，不宜使用，并应检查原因。

(二)精液稀释倍数

精液的稀释倍数应根据动物种类及其采精量、精子密度、精子活率等来确定。适当倍数的稀释可延长精子的存活时间；稀释倍数过高会使精子存活时间缩短，从而影响受胎率。牛的精液一般稀释10～40倍；马、驴的精液受精力下降很快，应在采精的当天或次日使用，一般稀释2～3倍；绵羊、山羊的精液常在采精后数小时内用完，习惯上稀释2～4倍；猪的精液一般稀释2～4倍；兔的精液一般稀释3～5倍。

五、精液的液态保存

精液的液态保存是指精液稀释后，保持温度在0℃以上，以液态形式做短期保存。液态保存又分为常温保存和低温保存两种类型。

(一)常温保存

精液的常温保存是将精液保存在室温15～25℃，保存温度不十分恒定，允许其有一定的变化幅度，春秋季可放置室内，夏季也可置于地窖或用空调控制的房间内，故又称室温保存或变温保存。一般将稀释后的精液分装后密封，用纱布或毛巾包好，置于15～

25℃温度环境下避光存放即可。用此方法保存的精液3天内有正常的受精能力，因不需要特殊设备，简单易行，特别适用于猪的精液保存。

1.保存原理 精子在弱酸性环境中，其活动受到抑制，降低了能量消耗，但pH一旦恢复到中性，精子即可复苏。因此，在精液稀释液中加入弱酸性物质或利用精子正常代谢所产生的乳酸或CO_2+H_2O，使精液的pH下降，从而抑制精子的活动，达到保存精子的目的。

为了使稀释液的pH达到所需范围，可选用下面三种方法的一种：

①向稀释液中加入二氧化碳，如伊里尼变温稀释液。

②利用精子在保存过程中自己产生的二氧化碳，自行调节pH，如康奈尔大学稀释液。

③在稀释液中配有酸类物质和充以氮气，如乙酸稀释液及一些植物汁液。

2.稀释液 牛精液常温保存稀释液见表7-4；猪精液常温保存稀释液见表7-5；马、绵羊精液常温保存稀释液见表7-6；其他家畜精液常温保存稀释液见表7-7；鸡的精液稀释液，目前我国常用的是生理盐水或复方生理盐水。

3.保存方法 先将精液与稀释液在等温条件下按一定比例混合后，再按照输精量分装，封口后放在室内、地窖或自来水中保存。

4.注意事项 切记要加入抗生素；保存温度要恒定，不能超过25℃；pH不能太低，弱酸性即可。

表 7-4 牛精液常温保存稀释液

成　分	伊里尼变温稀释液①	康奈尔大学稀释液②	乙酸稀释液②③	蜜糖-柠檬酸-卵黄液②
基础液				
二水柠檬酸钠(克)	2	1.45	2	2.3
碳酸氢钠(克)	0.21	0.21	—	—
氯化钾(克)	0.04	0.04	—	—
磺乙酰胺钠(克)	—	—	0.0125	—
葡萄糖(克)	0.3	0.3	0.3	—
蜜糖(毫升)	—	—	—	1
氨基乙酸(克)	—	0.937	1	—
氨苯磺胺(克)	0.3	0.3	—	0.3
甘油(毫升)	—	—	1.25	—
蒸馏水(毫升)	100	100	100	100
稀释液				
基础液(%)	90	80	79	90
2.5%乙酸(%)	—	—	1	—
卵黄(%)	10	20	20	10
青霉素(IU/毫升)	1 000	1 000	1 200	500
双氢链霉素(微克/毫升)	1 000	1 000	—	1 000
硫酸链霉素(微克/毫升)	—	—	1 200	—
氯霉素(微克/毫升)	—	—	0.000 5	—

注:①充二氧化碳 20 分钟,使 pH 调到 6.35。

②稀释液不充二氧化碳。

③稀释液配好后,充氮约 20 分钟。

表 7-5　猪精液常温保存稀释液

成　分	英国变温稀释液[①]	葡萄糖液	葡萄糖-柠檬酸钠液	葡萄糖-柠檬酸-乙二胺四乙酸-卵黄液
基础液				
二水柠檬酸钠(克)	2	—	0.5	0.3
碳酸氢钠(克)	0.21	—	—	—
氯化钾(克)	0.04	—	—	—
葡萄糖(克)	0.3	6	5	5
氨苯磺胺(克)	0.3	—	—	—
乙二胺四乙酸(克)	—	—	—	0.3
蒸馏水(毫升)	100	100	100	100
稀释液				
基础液(%)	100	100	100	95
卵黄(%)	—	—	—	5
青霉素(IU/毫升)	1 000	1 000	1 000	1 000
双氢链霉素(微克/毫升)	1 000	1 000	1 000	1 000

注:①充二氧化碳 20 分钟,使 pH 调到 6.35。

表 7-6　马、绵羊精液常温保存稀释液

成　分	绵　羊		马	
	RH 明胶液	明胶-羊奶液	明胶-蔗糖液	葡萄糖-甘油-卵黄液
基础液				
二水柠檬酸钠(克)	3	—	—	—
蔗糖(克)	—	—	8	—
葡萄糖(克)	—	—	—	7
磺胺甲基嘧啶钠(克)	0.15	—	—	—

续表 7-6

成分	绵羊		马	
	RH 明胶液	明胶-羊奶液	明胶-蔗糖液	葡萄糖-甘油-卵黄液
后莫氨磺酰(克)	0.1	—	—	—
明胶(克)	10	10	7	—
羊奶(毫升)	—	100	—	—
蒸馏水(毫升)	100	—	100	100
稀释液				
基础液(%)	100	100	90	97
卵黄(%)	—	—	5	0.5
甘油(%)	—	—	5	2.5
青霉素(IU/毫升)	1 000	1 000	1 000	1 000
双氢链霉素(微克/毫升)	1 000	1 000	1 000	1 000

表 7-7 其他家畜精液常温保存稀释液

成分	水牛	驴	山羊	兔
	葡-柠-碳-柠-卵液	葡-卵液	羊奶液	葡-柠液
基础液				
葡萄糖(克)	0.97	7	—	5
羊奶(毫升)	—	—	100	—
柠檬酸钠(克)	1.6	—	—	0.5
碳酸氢钠(克)	0.15	—	—	—
柠檬酸钾(克)	0.11	—	—	—
蒸馏水(毫升)	100	100	—	100

(二)低温保存

精液的低温保存是将精液放在0～5℃下保存，效果比常温保存要好(猪除外)，一般可保存7天左右不丧失受精能力。

1. 保存原理　当温度缓慢降至0～5℃时，精子呈现休眠状态，精子代谢机能和活动力减弱。因此，利用低温来抑制精子活动，降低代谢和运动的能量消耗。当温度回升后，精子又逐渐恢复正常代谢机能而不丧失受精能力。

2. 稀释液　牛精液低温保存稀释液见表7-8；猪精液低温保存稀释液见表7-9；马、绵羊精液低温保存稀释液见表7-10；其他家畜精液低温保存稀释液见表7-11。

表7-8　牛精液低温保存稀释液

成　分	柠檬酸钠-卵黄液	葡萄糖-柠檬酸钠-卵黄液	葡萄糖-氨基乙酸-卵黄液
基础液			
二水柠檬酸钠(克)	2.9	1.4	—
葡萄糖(克)	—	3	5
氨基乙酸(克)	—	—	4
蒸馏水(毫升)	100	100	100
稀释液			
基础液(%)	75	80	70
卵黄(%)	25	20	30
青霉素(IU/毫升)	1 000	1 000	1 000
双氢链霉素(微克/毫升)	1 000	1 000	1 000

表 7-9 猪精液低温保存稀释液

成　分	葡萄糖-卵黄液	葡萄糖-柠檬酸钠-卵黄液	葡萄糖-柠檬酸钠-牛奶液
基础液			
二水柠檬酸钠(克)	—	0.5	0.39
牛奶(毫升)	—	—	75
葡萄糖(克)	5	5	0.5
氨苯磺胺(克)	—	—	0.1
蒸馏水(毫升)	100	100	25
稀释液			
基础液(%)	80	97	100
卵黄(%)	20	3	—
青霉素(IU/毫升)	1 000	1 000	1 000
双氢链霉素(微克/毫升)	1 000	1 000	1 000

表 7-10 马、绵羊精液低温保存稀释液

成　分	绵羊		马	
	葡萄糖-柠檬酸钠-卵黄液	柠檬酸钠-氨基乙酸液	奶粉-葡萄糖-卵黄液	葡萄糖-酒石酸钠-卵黄液
基础液				
二水柠檬酸钠(克)	2.8	2.7	—	—
葡萄糖(克)	0.8	—	7	5.76
氨基乙酸(克)	—	0.36	—	—
酒石酸钠(克)	—	—	—	0.67
奶粉(克)	—	—	10	—
蒸馏水(毫升)	100	100	100	100
稀释液				
基础液(%)	80	100	92	95
卵黄(%)	20	—	8	5
青霉素(IU/毫升)	1 000	1 000	1 000	1 000
双氢链霉素(微克/毫升)	1 000	1 000	1 000	1 000

表 7-11 其他家畜精液低温保存稀释液

成分	水牛		山羊		兔	
	葡-氨-卵液	葡-奶-柠-卵液	葡-柠-卵液	奶粉液	葡-柠-卵液	奶-卵液
基础液						
葡萄糖(克)	5	2	0.8	—	5	—
奶粉(克)	—	3	—	10	—	10
氨基乙酸(克)	4	—	—	—	—	—
二水柠檬酸钠(克)	—	1	2.8	—	0.5	—
蒸馏水(毫升)	100	100	100	100	100	100
稀释液						
基础液(%)	70	80	80	100	95	95
卵黄(%)	30	20	20	—	5	5
青霉素(IU/毫升)	1 000	1 000	1 000	1 000	1 000	1 000
双氢链霉素(微克/毫升)	1 000	1 000	1 000	1 000	1 000	1 000

3. *保存方法* 将稀释好的精液,按照逐步降温的操作规程(一般采用平均每 30 分钟降低 5℃的速度降温,即每分钟下降 0.2℃左右为宜),逐渐降温到 0～5℃后,按一个输精剂量分装至贮精瓶中,封口。用数层纱布或棉花包裹,置于 0～5℃的低温下(窖、水井、冰箱等)保存。输精前要升温,可将贮精瓶直接放到 30℃的温水中即可。

4. *注意事项* 在保存期间要保持温度恒定,不可过高过低;最好加入抗生素;在稀释液中要添加一定的卵黄、奶类等抗冷物质,防止精子发生冷休克。

第五节 精液的冷冻保存

精液的冷冻保存是指将采集到的新鲜精液，经过特殊处理后，利用液氮(－196℃)或干冰(－79℃)作为冷源，以冻结的形式保存于超低温环境下，以达到长期保存的目的。

精液冷冻保存是人工授精技术的一项重大革新，解决了精液长期保存的问题，使精液不受时间、地域和种畜生命的限制，极大地提高了优良公畜的利用率，加速了品种的育成和改良，同时大大降低了生产成本，对现代畜牧业的发展有着十分重要的意义。

一、精液冷冻保存的原理

精液经过特殊处理后在超低温下形成玻璃化，玻璃化中的水分子能保持原来的无序状态，形成纯粹玻璃样的超微粒结晶。精子在玻璃化冻结状态下，避免了原生质脱水和膜结构遭受破坏，解冻后仍可恢复活力。

(一)冷冻时细胞的损伤

精液为液态，冷冻后成为固态。固态按照水分子的排列方式又分为冰晶态和玻璃态。而冰晶的形成是造成精子死亡的主要物理因素，主要是因为：

(1)精子外(精清和稀释液中)的水分先形成结晶，从而使尚未结晶的液体中的溶质浓度增加，精子内外溶液溶度差增大，精子膜内溶质浓度升高，造成精子脱水，发生不可逆化学伤害。

(2)冰结晶后体积增大，由于冰晶块的增大和移动，对精子产生机械压力和刺伤，从而破坏精子膜的结构，继而冰晶渗入精子内部而造成内部结构的破坏，最终导致精子死亡。冰晶越大对精子的危害也就越大。

冰晶是在 0～－60℃低温度区域内，缓慢降温条件下形成的，降温越慢冰晶越大，其中尤以－15～－25℃缓慢升温或降温对精子的危害最大。因而，为了避免发生冰晶化，必须快速降温越过发生冰晶的温度范围，并保存在远远低于这种温度范围内的超低温条件下，形成玻璃化冻结。形成玻璃化温度区域是在－60～－250℃。若从冰晶化区域内开始就以较快或更快速度降温，就能迅速越过冰晶阶段而进入玻璃化阶段，使水分子无法按有序几何图形排列，而只能形成玻璃态和均匀细小的结晶态。但玻璃化是可逆的、不稳定的，当缓慢升温再经过冰晶化温度区域时，玻璃化先变为结晶化再变为液态。因此，精液冷冻过程中无论是升温还是降温都必须快速越过冰晶区，使冰晶来不及形成而直接进入玻璃化状态或液态。

(二)冷冻保护剂的作用

在稀释液中添加抗冻物质，如甘油、二甲基亚砜等能增强精子的抗冻能力，对防止冰晶发生起重要作用。甘油亲水性很强，它可在水结晶过程中限制和干扰水分子晶格的排列，降低了水形成结晶的温度，缩小危险温度区；另外，甘油还可以渗入精子内部，使部分水分和盐类排出，避免了电解质浓度增加的不良影响。

但研究表明，甘油浓度过高对精子有毒害作用，可能造成其顶体和颈部损伤，尾部弯曲及某些酶类破坏，降低其受精能力。所以在冷冻精液稀释液中加入甘油要适量，才能对精子起到保护作用。

二、精液冷冻保存稀释液

牛精液冷冻保存稀释液见表7-12；猪精液冷冻保存稀释液见表7-13；马、绵羊精液冷冻保存稀释液见表7-14；其他家畜精液冷冻保存稀释液见表7-15。

表 7-12 牛精液常用冷冻稀释液

成　分	乳糖-卵黄-甘油液	蔗糖-卵黄-甘油液	葡萄糖-柠檬酸钠-卵黄-甘油液	解冻液
基础液				
蔗糖(克)	—	12	—	—
乳糖(克)	11	—	—	—
葡萄糖(克)	—	—	3.0	—
二水柠檬酸钠(克)	—	—	1.4	2.9
蒸馏水(毫升)	100	100	100	100
稀释液				
基础液(%)	75	75	80	—
卵黄(%)	20	20	20	—
甘油(%)	5	5	—	—
青霉素(IU/毫升)	1 000	1 000	1 000	—
双氢链霉素(微克/毫升)	1 000	1 000	1 000	—

表 7-13 猪精液常用冷冻稀释液

成　分	葡萄糖-卵黄-甘油液	蔗糖-卵黄-甘油液	解冻液	
			BTS	葡-柠-乙液
基础液				
葡萄糖(克)	8	—	3.7	5
蔗糖(克)	—	11	—	—
二水柠檬酸钠(克)	—	—	0.6	0.3
乙二胺四乙酸钠(克)	—	—	0.125	0.1
碳酸氢钠(克)	—	—	0.125	—
氯化钾(克)	—	—	0.075	—
蒸馏水(毫升)	100	100	100	100

续表 7-13

成分	葡萄糖-卵黄-甘油液	蔗糖-卵黄-甘油液	解冻液	
			BTS	葡-柠-乙液
稀释液				
基础液(%)	77	78	—	—
卵黄(%)	20	20	—	—
甘油(%)	3	2	—	—
青霉素(IU/毫升)	1 000	1 000	—	—
双氢链霉素(微克/毫升)	1 000	1 000	—	—

表 7-14 马、绵羊精液常用冷冻稀释液

成分	马		绵羊	
	乳糖-卵黄-甘油液	解冻液	乳糖-卵黄-甘油液	解冻液
基础液				
乳糖(克)	11	—	10	—
奶粉(克)	—	3.4	—	—
蔗糖(克)	—	6	—	—
乙二胺四乙酸钠(克)	—	—	—	0.6
柠檬酸钠(克)	—	—	—	2.9
蒸馏水(毫升)	100	100	100	100
稀释液				
基础液(%)	95.4	—	71.5	—
卵黄(%)	0.8	—	25	—
甘油(%)	3.8	—	3.5	—
青霉素(IU/毫升)	1 000	—	1 000	—
双氢链霉素(微克/毫升)	1 000	—	1 000	—

表 7-15 其他家畜精液常用冷冻稀释液

成分	水牛			山羊			兔		
	奶-果-卵-甘液	葡-卵-甘液	解冻液	果-乳-卵-甘液		葡-柠-T-卵-甘液	葡-T-卵-甘-D液		解冻液
				Ⅰ液	Ⅱ液		Ⅰ液	Ⅱ液	
基础液									
果糖(克)	1.4	—	—	1.5	—	—	—	—	—
葡萄糖(克)	—	10	5	—	—	1.0	1.05	1.05	—
蔗糖(克)	—	—	—	—	—	—	—	—	5
乳糖(克)	—	—	—	10.5	—	—	—	—	5
脱脂鲜奶(毫升)	82	—	—	—	—	—	—	—	—
二水柠檬酸钠(克)	—	—	0.5	—	—	—	—	—	—
一水柠檬酸(克)	—	—	—	—	—	1.34	—	—	—
Tris(克)	—	—	—	—	—	2.42	2.52	2.52	—
蒸馏水(毫升)	—	100	100	100	—	100	100	100	100
稀释液									
基础液(%)	82	75	—	80	93①	82	75	79	74
卵黄(%)	10	20	—	20	—	10	16	16	20
甘油(%)	8	5	—	—	7	8	—	5	6
DMSO(%)	—	—	—	—	—	—	9	—	—
青霉素(IU/毫升)	1 000	1 000	—	1 000	—	1 000	1 000	1 000	1 000
双氢链霉素(微克/毫升)	1 000	1 000	—	1 000	—	1 000	1 000	1 000	1 000

注:①取Ⅰ液 93 毫升,加入甘油 7 毫升即为Ⅱ液。

三、冷源和剂型

(一)冷源

早期冷冻精液使用干冰(－79℃)作为冷源,目前基本上都用液氮(－196℃)作为制作和贮存冷冻精液的冷源。

由于液氮的温度可以保持恒定的－196℃,距精子冷冻的危险温区温差大,因此安全范围大,利于精液冷冻贮存。其效果安全可靠,使用操作比较方便。

液氮有以下几点特性:

1. 超低温性　液氮的沸点温度为－195.8℃,是在超低温下形成的液体。这种超低温性,可使精子经冷冻后最大限度地抑制其代谢活动,达到长期保存的目的。

2. 膨胀性　液氮是由空气中的氮气压缩冷却制成的,随温度升高,体积会增大,当温度达15℃时,1升的液氮可汽化为680升氮气,膨胀率为680倍。所以液氮罐不可密封,每天都在挥发、消耗,为确保贮存精液的低温环境和精子的受精能力,必须注意定时添加液氮。

3. 窒息性　氮气也称为窒气,当室内氮气含量超过78%时,使室内空气中21%的氧气下降到13%～16%,对人体有危害作用。

4. 抑菌性　液氮本身无杀菌能力,在－196℃的超低温下,可抑制多数细菌、病毒的繁殖。

(二)剂型

冷冻精液均需按头份进行分装。目前,广泛使用的剂型为细管型、颗粒型和袋装型。在冷冻精液早期也曾使用过安瓿型。

1.细管型　细管由聚氯乙烯复合塑料制成。管长125～133毫米，有0.25毫升和0.5毫升两种剂型。将平衡后的精液通过吸引装置分装到塑料细管中，细管的一端塞有细线或棉花，其间放置少量聚乙烯醇粉，另一端封口，置液氮蒸气上冷却，然后浸入液氮中保存。细管型冷冻精液，管径小，每次制冻数量多，精液受温均匀，冷冻效果好；同时精液不再接触空气，即可直接输入母畜子宫内，因而不易污染；剂量标准化，易于标记；容积小，便于大量保存；精液消耗少，输精母畜受胎率高；适于机械化生产。

2.颗粒型　将0.1毫升精液滴冻在经液氮冷却的聚乙烯氟板或金属板上，也可将精液直接滴入干冰洞穴中。这种方法的优点是简便，易于制作，成本低，体积小，便于大量贮存。但有效精子数不易标准化，原因是滴冻时颗粒大小不标准；不易标记，品种或个体之间易混淆；精液暴露在外，易污染；大多需解冻液解冻。

3.袋装型　猪、马的精液由于输精量大，可用塑料袋分装，但冷冻效果不理想。

4.安瓿型　将处理好的稀释精液分装于安瓿中。制作复杂，冻结、解冻时易爆裂，破损率高；体积大，液氮罐利用率低，相对成本增高；但保存效果好，不易污染。生产中现已多不采用。

四、冷冻精液技术

(一)采精及精液品质检查

将采集的新鲜精液置于37～40℃下，迅速检验其品质。用于冷冻保存的精液，精子活率不得低于0.7，精子密度要大，精子畸形率要低，以上三项指标均必须达到优质精液要求。马、驴、猪和羊的精液要进行过滤或离心处理，猪精液要取浓份部分。

(二)精液的稀释

根据冻精的种类、分装剂型及稀释倍数的不同，精液的稀释方法也不尽相同，现生产中多采用一次或两次稀释法。

一次稀释法：将含有甘油、卵黄等的冷冻保存稀释液按比例一次加入，适合于低倍稀释。此稀释法操作简便，常用于制作颗粒冷冻精液，近年来也应用于细管、安瓿冷冻精液。

两次稀释法：为减少甘油抗冻剂对精子的化学毒性作用，采用两次稀释法，也就是将精液分两次稀释，常用于细管精液冷冻。首先用不含甘油的稀释液稀释至最终稀释倍数的一半，经1小时缓慢降温至5℃(猪精液降至15℃，维持4小时，再从15℃经1小时降至5℃)，然后再用含甘油的第二液在相同温度下做等量的第二次稀释。猪的精液可采用另一种稀释方法：就是将采出的富含精子的精液，直接放到保温瓶中，在室温下保持2小时，离心后除去精清，做第一次稀释后置于水浴中经2小时降温到5℃，再做第二次稀释。精液稀释后，必须取样检测其精子活率，要求不低于原精液的精子活率。

(三)精液的平衡

将稀释的精液缓慢降温至5℃，并在此环境中放置一定时间，这个处理过程叫平衡。一般将降温至5℃的精液放入5℃冰箱内平衡1～2小时。猪的一次稀释法是在8℃下平衡3.5～6小时，如采用二次稀释法是在15℃下平衡4小时或5℃下平衡2小时。

平衡的目的是使精子有一个适应低温的过程，同时使甘油充分渗透进精子内，达到抗冻保护作用。

(四)精液的冷冻

1. 干冰埋植法　适合于小规模生产及液氮缺乏地区。

(1)颗粒冻精冷冻　把干冰置于木盒中，铺平压实，用预先做好的模板在干冰上压出直径 0.5 厘米，深 2～3 厘米的小孔，用滴管将平衡后的精液 0.1 毫升滴入孔内，覆以干冰，2～4 分钟后，收集冻精保存。

(2)细管冻精冷冻　将分装的冻精平铺于压实的干冰上，并迅速用干冰覆盖，2～4 分钟取出贮存于干冰或液氮中。

2. 液氮法

(1)颗粒冻精冷冻　在装有液氮的广口保温容器上置一铜纱网或铝饭盒盖，距液氮面 1～2 厘米，预冷几分钟后，使网面温度达－80～－120℃。或用聚四氟乙烯凹板(氟板)代替铜纱网，先将其浸入液氮中，几分钟后再置于距液氮面 2 厘米处。然后将平衡后的精液定量而均匀地滴冻，每粒 0.1 毫升，停留 2～4 分钟后颗粒颜色变白时，将颗粒置入液氮中，取出 1～2 粒解冻，检查精子活率，活率达 0.3 以上者收集到小瓶或纱布袋中，并做好标记，置于液氮罐中保存。滴冻时要注意滴管事先预冷，与平衡温度一致；操作要准确迅速，防止精液温度回升；颗粒大小要均匀；每滴完一头公畜精液后，必须更换滴管、氟板等用具。

(2)细管、安瓿精液冷冻　将冷冻样品平放在距液氮面 2～2.5 厘米的铜纱网上，冷冻温度为－80～－120℃，5～7 分钟，待精液冻结后，移入液氮中，收集于塑料管或纱布袋中，做好标记，置于液氮罐中保存。工厂化细管精液的冷冻是使用控制液氮喷量的自动记温速冻器，5～－60℃每分钟下降 4℃，－60℃后尽快降温至－196℃。

(五)冷冻精液的贮存

冻结的精液经抽检合格后,按品种、编号、采精日期、型号标记、包装,转入液氮罐中贮存备用。保存原则是精液不能脱离液氮,确保其完全浸入液氮中。为保证贮存器内的冷冻精液品质,不致使精子活率下降,在贮存和取用过程中必须注意以下事项:

①要定期添加液氮,不得使冻精的提筒暴露于液氮外;

②从液氮罐取出冷冻精液时,提筒不得提出液氮罐外,可将提筒置于罐颈下部、用长柄镊子夹取细管(精液袋);

③将冻精转移至另一容器时,动作要迅速。贮精瓶在空气中暴露的时间不得超过 3 秒。

(六)冷冻精液的解冻

冷冻精液的解冻温度有三种:低温冰水解冻(0～5℃)、温水解冻(35～40℃)及高温解冻(50～70℃)。不同畜种及剂型的冷冻精液,其解冻温度和方法有差别。一般细管、袋装和安瓿冷冻精液,可直接浸入 35～40℃温水中解冻,精液融化一半时就应及时取出备用。颗粒冻精有干解冻和湿解冻两种方法。干解冻是将灭菌的试管置于 35～40℃水中恒温后,投入精液颗粒,摇动至融化,再加入 1 毫升 20～30℃的解冻液。湿解冻法是将 1 毫升解冻液装入灭菌试管内,置于 35～40℃温水中预热,然后投入一粒冻精,摇动至融化,取出备用。猪的颗粒精液一般按一个输精单位(几粒)解冻,温度以 50～60℃为好。

(七)冷冻精液的运输

冷冻精液的运输应有专人负责,要查验所运输的冷冻精液的公畜的品种、畜号、数量及精子活率等是否符合要求后方可运输,到达目的地后办好交接手续。要确保盛装精液的液氮容器的保温性能良好,运输之前充满液氮,容器外应罩好保护套,安放牢固,装卸时要轻拿轻放,严禁碰撞翻倒。运输中避免强烈震动和暴晒,随时检查并及时补充液氮。

第六节 输 精

输精是将一定量的精液，输入到发情母畜生殖道内的一定部位，使其妊娠的操作技术。输精是人工授精技术的最后一个十分重要的环节，是确保获得较高受胎率的关键。

一、输精前的准备

(一)输精器械的准备

各种输精用具在使用前必须彻底清洗、消毒，临用前再用稀释液冲洗。玻璃和金属输精器可用蒸汽、75%酒精消毒或置于高温干燥箱内消毒；输精胶管不宜高温，可用蒸汽或酒精消毒，但一定要在输精前用稀释液冲洗 2～3 次；阴道开膣器及其他金属器材等用具，可高温干燥消毒，或浸泡在消毒液内，也可用酒精、火焰消毒。输精管一般以每头母畜一支为宜，但若输精器不够使用时，可用 75%酒精棉涂擦消毒外壁，然后用稀释液冲洗外壁及管腔 2～3 次后重复使用。

(二)精液的准备

采集的新鲜精液，经稀释后必须进行品质评定，合乎标准的才能使用(活率要高于 0.7)；常温保存的精液需轻轻振荡后升温至 35℃左右，镜检活率不得低于 0.6；冷冻精液解冻后活率不应低于 0.3，方可输精。

(三)母畜的准备

经过发情鉴定已确定要配种的母畜，在输精前应进行适当的保定。母牛一般在输精架内输精。马、驴可在输精架内或后肢用脚绊保定。母羊可实行横杆保定，使羊头朝下前肢着地，后腹部压伏在横杆上，后肢离地保定；也可让羊站立地面，输精人员蹲在坑内进行输精，或保定在一个升高的输精架内或转盘式输精架台上。母猪一般不用保定，在圈内就地站立输精即可。

母畜保定后，将尾巴拉向一侧，清洗阴门及会阴部，再用消毒液进行消毒，然后用灭菌的生理盐水冲洗、灭菌布(卫生纸)擦干。

(四)输精人员的准备

输精人员要身穿工作服，指甲剪短磨光，挽起衣袖，手清洗擦干后以 75%的酒精涂擦消毒，待完全挥发后再持输精器材。如需把手臂伸入阴道或直肠，手臂也要清洗消毒并涂以灭菌稀释液。

二、输精的基本要求

(一)输精量及输入有效精子数

输精量和输入有效精子数，应根据不同家畜的生理特点、不同生理状况及精液保存方式等确定。一般来讲，猪、马、驴的输精量比牛、羊、兔的输精量大；体型大、经产、产后配种和子宫松弛的母畜，应适当增加输精量；液态保存精液的输精量一般比冷冻保存的输精量多；超数排卵处理的母畜应比一般配种母畜的输精量和有效精子数有所增加。

(二)输精时间

适宜的输精时间通常是根据母畜发情鉴定的结果来确定，但应考虑其排卵时间和精子获能时间、精子在母畜生殖道内维持受精能力时间、卵子维持受精能力时间、精液类型等因素。

1. 牛的输精时间　一般母牛发情持续期短，输精应尽早进行。发现母牛发情后 10～20 小时可进行第一次输精，隔 8～10 小时进行第二次输精。生产上一般采取早晨发情，当天下午或傍晚第一次输精，次日早第二次输精；下午或晚上发情，次日早进行输精，次日下午或傍晚再输精一次。初配母牛发情持续期稍长，输精过早受胎率不高，通常在发情后 20 小时左右开始输精，在第二次输精前，最好检查一次卵泡，如母牛已排卵，一般不必再输精。

2. 猪的输精时间　母猪发情时外部表现特别明显，外阴长时间红肿。一般母猪在接受“压背试验”后 8～12 小时，或接受公猪爬跨时输精，隔日再输精一次。

3. 羊的输精时间　母羊可根据试情制度来确定输精时间，如每天试情一次，发情当天和过半日各输精一次；如每天早、晚各试情一次，可在发情半天后输精一次，间隔半天再输精一次。

4. 马的输精时间　母马多根据卵泡发育程度，采取“三期酌配，四期必输，排后灵活追补”的原则安排输精时间。或者采用发情后第 2～3 天输精，隔日再输精一次的方法。

5. 兔的输精时间　母兔是诱发排卵动物，应在诱发排卵处理后 2～6 小时内输精。

(三)输精次数和间隔时间

输精次数和间隔时间应依据输精时间和母畜排卵时间的距离以及精子在母畜生殖道内保持受精能力的时间长短来决定。牛、羊、猪、兔等家畜在生产中常用外部观察法鉴定发情，很难确定排卵时间，为提高受胎率，常采用一个情期两次输精的方法，两次间隔时间为 8～10 小时(猪间隔 12～18 小时)。马、驴如采用直肠触摸确定排卵时间，输精一次即可；如采用试情法和观察法就需要增加输精次数，其间隔时间为 1～2 天。但过多的输精次数并不能提高受胎率。

(四)输精部位

输精部位应因动物种类不同而有差异。牛常采用子宫颈深部输精；猪、马、驴采用子宫内输精较好；羊、兔采用子宫颈浅部输精即可。

主要家畜的输精要求见表 7-16。

表 7-16 各种家畜的输精要求

项目	牛		马		猪		羊		兔	
	液态	冷冻	液态	冷冻	液态	冷冻	液态	冷冻	液态	冷冻
输精量（毫升）	1～2	0.2～1.0	15～30	30～40	30～40	20～30	0.05～0.1	0.1～0.2	0.2～0.5	0.2～0.5
输入有效精子数（亿）	0.3～0.5	0.1～0.2	2.5～5	1.5～3	20～50	10～20	0.5	0.3～0.5	0.15～0.2	0.15～0.5
适宜输精时间	发情后10～20小时或排卵前10～20小时		接近排卵时，卵泡发育第4～5期，或发情第二天开始隔日一次至发情结束		发情后19～30小时，或开始接受“压背试验”过后8～12小时		发情后10～36小时		诱发排卵后2～6小时	
输精次数	1～2		1～3		1～2		1～2		1～2	
输精间隔时间（小时）	8～10		24～48		12～18		8～10		8～10	
输精部位	子宫颈深部		子宫内		子宫内		子宫颈内		子宫颈内	

三、输精方法

（一）牛的输精方法

牛的输精方法有阴道开膣器输精法和直肠把握子宫颈输精法两种。

1. 阴道开膣器输精法　操作时一手持开膣器，打开母牛阴道，借助光源找到子宫颈口，另一只手握吸有精液的输精器，插入子宫颈内1～2厘米，徐徐输入精液后退出输精管和开膣器。此法的优点是直接将输精管插入子宫颈口内；缺点是操作烦琐，容易引起母牛不适，输精部位浅，受胎率较低。另外，此法容易损伤母牛的阴道黏膜，输精不方便，故生产中很少采用。

2. *直肠把握子宫颈输精法* 将牛尾系在直肠把握手臂的同侧，露出肛门和阴门。输精员一只手臂戴上长臂乳胶或塑料薄膜手套伸入直肠内，排除宿粪后，握住子宫颈外端；另一只手持输精器插入阴道，先向上倾斜插，避开尿道口，然后再水平向前插，直至子宫颈口，此时左右手配合使输精器绕过子宫颈螺旋皱褶，前端插入子宫颈内 5～6 厘米（接近子宫颈内口）处或子宫体内，随即注入精液。抽出输精管后，用手顺势对子宫角按摩 1～2 次，但不要挤压子宫角。此法用具简单，操作安全，不易感染，母牛无痛感，初配母牛也适用，输精部位较深，受胎率较开膣器输精法高 10%～20%。同时，通过直肠检查触摸卵巢变化，进一步判断发情或妊娠情况，还可发现卵巢、子宫疾病。

（二）猪的输精方法

猪的输精采用输精管插入法。先将输精管涂以少许稀释液增加润滑度，输精时一手把阴唇分开，将输精管插入阴道，先斜向上方伸入，避开尿道口后再水平前进，边逆时针旋转边进入子宫，当遇到阻力时，将输精管稍向后拉，然后再向前伸入，经抽送 2～3 次，直至不能前进为止。此时输精管一般已进入子宫体内，然后向外拉出一点，再缓缓注入精液。输精时一定要缓慢进行，输精时间为 3～5 分钟，完毕后慢慢抽出输精管，并用手捏母猪的腰部，防止精液倒流。若发生精液倒流现象，应及时补输精液，以保证受胎率。

（三）马、驴的输精方法

母马（驴）的输精器由一条长 60 厘米左右，内径 2 毫米的白色橡胶管和一个注射器组成。首先在操作台上把吸有精液的注射器安装在输精管上，输精人员左手持注射器，右手握胶管，用食指和中指夹住尖端，使胶管尖部隐藏于手掌中，缓缓伸入阴道内，找到子宫颈的阴道部，用食指和中指撑开子宫颈，同时左手向子宫内导入胶管，将输精胶管前端缓慢导入子宫内 10～15 厘米（驴 8～12 厘米）深处。左手抬高注射器并推压活塞使精液慢慢注入，精液流尽后，缓慢抽出输精管。右手在阴道内捏住子宫颈外口，向前推送 2～3 次，以刺激子宫收缩，防止精液倒流。

（四）羊的输精方法

一般采用开腟器法。将发情母羊固定在输精架内（为操作方便，可在输精架后挖一凹坑）或由助手用两腿夹住母羊头部，两手提起母羊后肢将羊保定好。洗净并擦干其外阴部，借助一定的光源（手电筒或额灯等）找到子宫颈外口，用另一只手将输精管插入子宫颈内 1～2 厘米，将精液徐徐注入，随后撤出输精管和取出阴道开腟器。

对于初配母羊，用小型开腟器也难以开张阴道时，可用输精管直接插入阴道深部输精。具体操作方法是把母羊两后腿提起倒立，用两腿夹住羊的前躯进行保定。操作人员用手拨开母羊阴户，沿母羊背部方向将输精管插入到阴道底部输精。注意要增加注入的精液量，以保证受胎率。

（五）兔的输精方法

一般多采用直接插入法。将母兔实行仰卧保定，输精管沿背线缓缓旋转插入阴道内 7～10 厘米子宫颈口位置，再慢慢注入精液。输精后将母兔后躯抬高片刻，防止精液倒流。

（六）犬的输精方法

一般多采用直接插入法输精。输精前由畜主将犬戴上口笼并扶持在适当高度的台上站立，以徒手保定。输精人员手持输精管，将输精管插入阴道，先向上插入，待穿过前庭后再按水平方向插入子宫颈外口附近（经产母犬有的可经子宫颈伸至子宫体内），徐徐注入精液。输精后立即抬高母犬后躯，同时以食指戴上灭菌的指套伸入阴道内停留 5 分钟，有利于防止精液倒流。

第八章　发情控制技术

第一节　同期发情

同期发情又称同步发情，是指在配种季节内，应用外源激素及其类似物对母畜进行处理，从而诱发母畜群体集中在一定时间内发情并排卵的方法。它是人为干预母畜的生殖生理过程，将发情周期进行控制并调整到相同的阶段，使配种、幼畜的产出、育肥等过程一致，以便于生产的组织与管理，提高畜群的发情率和繁殖率。同期发情技术的应用有利于人工授精技术和胚胎移植技术的推广，使其能够在畜群中定时、集中和成批地进行。此外，还有利于家畜的批量生产和科学化饲养管理，使配种、妊娠、分娩和培育等生产过程也相继同期化，以节省人力和时间，降低管理成本。

一、同期发情的原理

同期发情技术是根据母畜发情周期的激素调控机理，采用外源激素调节卵巢功能活动来实现的。根据卵巢的机能和形态变化，母畜的发情周期可分为卵泡期和黄体期两个阶段。卵泡期是在周期性黄体退化后，血液中孕酮水平显著下降，卵泡迅速生长发育、成熟并排卵的时期，此期母畜的行为也发生特殊的变化，即母畜表现非常兴奋并接受公畜的交配。卵泡破裂排卵后形成黄体，在黄体分泌的孕酮作用下，卵泡的发育、成熟等过程受到抑制，母畜行为处于安静状态，没有发情表现。可见，黄体所分泌激素的水平与母畜是否发情有关，若能控制母畜的黄体期，便能控制母畜的发情周期。

同期发情技术就是以体内分泌的激素在母畜同期发情中的作用为理论依据，应用外源激素或其类似物直接或间接作用于卵巢，使卵巢的生理机能处于相同阶段，人为地干预母畜的发情周期，进而把发情周期的进程调到基本一致的时间内，即发情同期化。

同期发情常采用两种途径。一是人工延长黄体期，即利用孕激素抑制母畜发情的机理，通过外源孕激素的处理，人工延长黄体期，使周期黄体在处理期间相继退化，各母畜在统一撤除孕激素处理之后同时进入卵泡期，达到同期发情的目的。二是缩短黄体期，即利用前列腺素溶解黄体的作用，使黄体溶解，人为地中断黄体期，停止孕酮分泌，而使垂体促性腺激素释放，从而引起发情。

二、用于同期发情的激素和使用方法

用于同期发情的药物，根据其性质大致可分为三类：一是抑制卵泡发育的制剂（孕激素类）；二是溶解黄体的制剂（前列腺素及其类似物）；三是促进卵泡发育、排卵的制剂（促性腺激素）。前两类是同期发情的基础药物，第三类是为了促使母畜发情有较好的准确性和同期性，配合前两类使用的药物。

（一）抑制卵泡发育的制剂

抑制卵泡发育的制剂属于孕激素类，如孕酮、甲孕酮、甲地孕酮、氯地孕酮、氟孕酮、18-甲基炔诺酮等。它们能够抑制垂体FSH 的分泌，延长黄体期，因而间接抑制卵泡发育和成熟，使母畜不能发情。这些药物的用药方式有：

1. 阴道栓塞法　将灭菌后的泡沫塑料或海绵浸取一定量孕激素制剂，或者将包含一定量孕激素制剂的硅橡胶环构成的阴道栓，用尼龙细线连起来，塞进阴道深处子宫颈外口，尼龙细线的另一端留在阴户外，以便停药时拉出栓塞物。这样药液不断地被阴道黏膜吸收，经过一定时间后取出。此法通常用于牛、羊，不宜用于猪。

2. 口服法　每天将一定量的孕激素制剂均匀地拌在饲料中，以单个饲喂较准确，经一定时间后同时停药。这种方法可用于舍饲母畜，但较费时费工，用药量大，且个体摄入剂量不准确。

3. 注射法　每天将一定量的药物注入待处理母畜的皮下或肌肉内，经一定时间后停止给药。此法剂量准确，但操作麻烦。

4. 埋植法　将成形的药剂(一般丸剂)或装有药物的带孔塑料细管，埋植于母畜耳背皮下，经一定时间后取出。埋植期间药物被缓慢吸收，具有用药量小等特点。

(二)溶解黄体的制剂

前列腺素(PG)具有明显的溶解黄体的作用，所以只限于正处于黄体期的母畜使用，可采取子宫灌注法或肌肉注射法。用于同期发情的国产 PG 及其类似物有 15-甲基 $PGF_{2\alpha}$、前列烯醇和 $PGF_{1\alpha}$甲酯等，进口的有氯前列烯醇和氟前列烯醇等。猪在发情周期第 10 天前，牛、羊、马在发情周期 5 天之内的新生黄体均对 PG 不敏感。用药方式以子宫内灌注法的效果优于肌肉注射法。经 PG 处理的母畜，一般于 2～4 天后发情，发情率达到 75%，母畜群中处于非黄体期者则不发情。为了提高同期发情效果，隔 10～12 天再用 PG 作第二次处理。

(三)促进卵泡发育、排卵的制剂

在使用同期发情药物的同时，如果配合使用促性腺激素，可以增强发情同期化和提高发情率，并促使卵泡更好地成熟和排卵。常用的药物有 PMSG、HCG、FSH、LH 及 GnRH 等。

三、牛的同期发情

牛的同期发情最常用的激素是孕激素和 PG。

(一)孕激素埋植法

将一定量的孕激素制剂装入有孔的塑料细管中，利用兽用套管针或专用埋植器将细管埋植于耳背皮下，9～12 天后将细管挤出，同时注射 PMSG 500～800 IU。也可将药物装入硅胶管中埋植，硅胶管上有微孔，以便药物渗出。激素用量因种类而异，18-甲基炔诺酮用量为 15～25 毫克。取管后 2～5 天，大多数母牛可发情、排卵。

（二）孕激素阴道栓塞法

常用的栓塞物为泡沫塑料块或硅胶环，其内含有一定量的孕酮或孕激素制剂，将栓塞物放于子宫颈外口处，处理一定时间（短期为 9～12 天，长期为 16～18 天）后，将其取出。为了提高发情率可在取阴道栓的同时注射 PMSG。长期处理后，同期发情率较高，但受胎率较低；短期处理后，同期发情率较低，但受胎率接近或相当于正常水平。若在短期处理时肌肉注射 3～5 毫克雌二醇和 50～250 毫克孕酮，或与孕酮具有相应生理效应的其他孕激素制剂，均可提高同期发情效果。

（三）PG 处理法

PG 处理法有子宫灌注和肌肉注射两种途径。其中前者用药量少，效果明显，但技术难度高；肌肉注射操作简单，用药量应适当增加，否则达不到应有的效果。PG 法只有在母牛处于发情周期的第 5～18 天时，才能产生作用，对发情周期 5 天之内的新生黄体不产生作用。因此，PG 处理时，有少数牛无反应。为了提高同期发情效果，隔 10～12 天再用 PG 作第二次处理。此次处理后母牛同期发情率显著提高，但增加了劳动强度和激素用量。也可将出现发情者进行配种，无反应者再进行第二次处理，一般 PG 处理后第 3～5 天可发情。

四、羊的同期发情

（一）孕激素阴道海绵栓法

将浸有孕激素的阴道海绵栓放在母羊子宫颈外口，一般在 10～14 天后取出，同时肌肉注射 PMSG 400～500 IU，经 30 小时左右即开始发情。不同种类药物的用量分别是:孕酮 400~450 毫克,甲孕酮 50~70 毫克,甲地孕酮 80~150 毫克,氟孕酮 40~45 毫克,18-甲基炔诺酮 30~40 毫克。

(二)孕激素口服法

每天将一定量的孕激素类药物均匀地拌在饲料内,通过母羊采食服用,持续 12~14 天,最后一天口服停药后,随即注射 PMSG 400~750 IU。甲孕酮日用量不变,其余为阴道海绵栓法的 1/10~1/5。此法所用激素的总量大,且费时费工,容易出现母畜个体摄入的激素剂量不准确等。

(三)PG 处理法

PG 处理方法与牛类似,只是用量一般为牛的 1/3~1/4。PG 处理法对发情周期 5 天之内的新生黄体不产生作用。因此,PG 处理时,有少数母羊无反应,无反应者隔 10~12 天再用 PG 作第二次处理。

五、猪的同期发情

孕激素和 PG 不适于母猪的同期发情处理,因为孕激素易引起猪发生卵巢囊肿,而 PG 不能溶解猪发情周期第 10 天以前的黄体。哺乳母猪通常可采用同期断奶的方法诱导同期发情,一般在断奶后 3~9 天内发情。如果在断奶时配合注射 PMSG 750~1 000 IU,则可提高同期发情效果。

此外,青年母猪皮下注射 500 毫克乙基去甲睾酮 20 天,或每天注射 30 毫克,连续注射 18 天,停药后 2~7 天内发情率可达 80%以上,受胎率达 60%~70%。法国生产的合成类固醇激素 RU-2267 用于性成熟的青年母猪,每天口服 15~20 毫克,连续服用 18 天,停药后 4~8 天,有 80%~90%的母猪表现发情,且情期受胎率为 70%~90%。

六、鹿的同期发情

吉林农业大学白景煌采用孕激素和孕马血清促性腺激素(PMSG)诱发母鹿同期发情。每头每次口服复方18-甲短效口服避孕药20丸,日服一次,连服12天,停药后一天肌注PMSG 1 500 IU,同期发情率达到88.89%。

第二节 诱导发情

诱导发情是指在母畜乏情期内,人为地应用外源激素或某些生理活性物质以及环境条件的刺激,通过内分泌和神经作用,激发卵巢活动,促进卵巢从相对静止状态转变为机能活跃状态,从而使母畜恢复正常的发情、排卵,并可进行配种的一项繁殖调控技术。

诱导发情技术可以打破多数品种的季节性繁殖规律,控制母畜的发情时间、缩短繁殖周期、增加胎次,使其年产后代增多,从而提高繁殖力;另外,诱导发情技术还可以调整母畜的产仔季节,使产奶为主的家畜能够全年均衡供奶,肉畜按计划出栏,按市场需求供应畜产品,从而提高经济效益。

一、动物乏情的种类及处理方法

(一)季节性乏情及处理方法

季节性乏情是指季节性发情动物在非发情季节无发情周期,卵巢和生殖道处于静止状态的现象。如马为长日照动物,乏情多发生于冬春季节,此时卵巢小而硬,无卵泡和黄体,血清中LH、孕酮和雌二醇含量很低;绵羊的乏情多发生于夏季。季节性乏情动物,可采取以下三种处理方法。

1. 生殖激素处理法 生殖激素处理法就是在非发情季节用生殖激素对处于乏情期的动物进行处理,诱导其发情的方法。用于动物发情的外源性促性腺激素有FSH、LH、PMSG和HCG，其中FSH和PMSG生物活性相似，可促进卵泡生长、发育，PMSG还可促进排卵。LH和HCG主要刺激排卵，促进黄体形成。促性腺激素主要作用于性腺，使其分泌相应的激素，从而诱导处于乏情期的母畜发情。孕激素可控制促性腺激素的分泌，内、外源性孕酮均可抑制LH释放，停药后血浆中LH水平逐渐升高，导致LH排卵峰的出现。用孕酮阴道释放装置处理肉牛14天，50%肉牛出现发情；处理奶羊12天，发情率为75%。母马在非发情季节每天注射5～10毫克雌激素，连续10～15天，可在一定程度上使发情周期恢复。

2. 改变光照期法　长日照动物，其发情开始时间在光照变长时；而短日照动物，其发情开始时间在光照变短时。羊属于短日照动物，因此在光照变短时开始表现发情，而长日照的夏季是母羊的乏情季节，在此期间可人工缩短光照时间，一般每天光照8小时，连续处理7～10周，母羊即可发情。若为舍饲羊，每天提供12～14小时的人工光照，持续60天，然后将光照时间突然减少，50～70天后就有大量母羊开始发情。而母马属于长日照动物，在其乏情季节，人为延长光照时间，可促进卵巢机能的提前恢复。

3. 公畜效应　在发情季节到来之前，在母羊群中投放公羊，能使母羊提前发情，提早母羊的配种季节，此种效应称为公羊效应。此效应应用在猪、牛动物上，分别称为公猪效应、公牛效应等。公羊效应的实质是引入母羊群中的公羊释放的外激素作用于母羊的感觉器官，后者将产生的反应经神经系统作用于下丘脑-垂体-性腺轴，从而引起排卵。此效应产生的基本条件是公母畜的隔离时间和隔离程度，公母畜只有隔离一段时间后，公畜效应才能得以充分发挥，母畜才能得到刺激产生排卵反应，否则就不能出现排卵。

(二)生理性乏情及处理方法

生理性乏情又分为泌乳性乏情、妊娠期乏情和衰老性乏情三种。

1. 泌乳性乏情　泌乳性乏情指有些动物在产后的泌乳期间，因促乳素抑制促性腺激素的分泌，卵巢功能受到抑制，不出现发情。各种家畜泌乳期间是否发情及出现发情的时间与卵巢功能的特点和新生仔畜是否吮乳有关。

泌乳性乏情的出现和持续时间因畜种、品种不同有很大差异。猪一般于仔猪断奶后发情。牛产后发情并伴有排卵的时间因挤乳和哺乳方法的不同而有差异，挤乳牛于产后 30～70 天可发情，而哺乳牛常需 90～100 天。每天多次挤乳又比每天两次挤乳的牛出现发情的时间要晚些，主要是因为多次刺激，促乳素占优势所致。绵羊发情周期的恢复多于羔羊断乳后 2 周。母马于产驹后 5～15 天开始出现发情，哺乳对其影响并不明显。

泌乳性乏情的动物，采取的处理方法因动物种类不同而异，一般牛、羊等使用激素进行处理，而猪则采取早期断奶法。羊也可采用早期断奶法。对产后不发情的母猪也可使用激素处理。

2. 妊娠期乏情　雌性动物在妊娠期间因卵巢上存在妊娠黄体，可以分泌孕酮，抑制发情，这是保证胚胎正常发育的生理现象。

3. 衰老性乏情　动物生存到一定年限后因衰老而乏情。其原因可能是由于卵巢机能发生障碍，此障碍是由于下丘脑-垂体-卵巢轴功能关系的改变，而使促性腺激素的分泌量减少或卵巢对这些激素的反应变化所致。

(三)病理性乏情及处理方法

病理性乏情主要由卵巢机能衰退和持久黄体引起。

1. 卵巢机能衰退　此病多发生于气候寒冷、营养状况不良、使役过度的母畜或高产奶牛。日粮品质的高低对卵巢活动有显著的影响，青年母畜比成年母畜更严重。矿物质和维生素缺乏会引起乏情。放牧的牛、羊因缺磷会引起卵巢机能失调,从而导致初情期延迟,发情征状不明显,最后停止发情。小猪和牛因缺锰会造成卵巢机能障碍,发情不明显或不发情。缺乏维生素E和维生素A会引起发情周期不规律或不发情。此种情况可使用促性腺激素(如PMSG、FSH)诱导母畜发情。

2. 持久黄体　持久黄体主要是由于子宫疾病引起内分泌紊乱所致,可用PG等药物溶解持久黄体,停止孕激素的分泌,以促使卵泡发育。

二、牛的诱导发情

青年母牛可用三合激素(雌激素、雄激素、孕激素配伍制剂)处理,剂量一般为3～4支/头;也可用18-甲基炔诺酮15～25毫克/头进行皮下埋植,1～2周后取出,同时注射PMSG 800～1 000 IU诱导其发情。对于泌乳期乏情母牛,可用促性腺激素PMSG、FSH处理,如母牛可在产后2周开始用孕激素预处理10天,然后注射PMSG 1 000 IU,即可诱发母牛发情;也可注射初乳20毫升,同时注射新斯的明10毫克,在发情配种时再注射GnRH类似物($LRH\text{-}A_1$)100微克,可诱导80%～90%的母牛发情并排卵。对于患持久黄体或黄体囊肿的母牛,可用PG进行治疗,PG的用量为子宫内灌注1毫升/头,肌肉注射2毫升/头(每毫升含氯前列烯醇0.2毫克)。

三、羊的诱导发情

在乏情季节诱导绵羊发情,最有效的方法是使用促性腺激素处理,愈接近配种季节,处理效果愈好。如对于季节性乏情的绵羊和山羊,可先用孕激素处理6～9天,停药前48小时注射PMSG,可使其同期发情率达95%以上,第一情期受胎率达70%左右。在配种季节诱导母羊发情,可采用“补饲催情”方法,并辅以低剂量的促性腺激素进行处理，效果较好。即在配种季节将要到来时，加强饲养管理，提高羊群的饲养水平，适当补一些精料，以使发情期提早到来，如果同时将公羊放入母羊群中，效果更佳。对于泌乳期乏情母羊，可在皮下埋植18-甲基炔诺酮，持续9天，取前48小时注射PMSG，同时再以2毫克/只溴隐亭间隔12小时作两次肌肉注射，发情时注射LRH并配种，可使诱发发情率达到90%以上。泌乳期乏情母羊也可采用早期断奶法，一般对一年产2胎的母羊，在羔羊出生后0.5～1.0月龄断奶；2年产3胎的母羊，在羔羊出生后2.5～3.0月龄断奶；3年产5胎的母羊，在羔羊出生后1.5～2.0月龄断奶。

四、猪的诱导发情

诱导哺乳母猪发情并排卵，效果最好的办法是肌肉注射促性腺激素PMSG 750～1 000 IU，处理时期一般在分娩后第6周，如果早于这个时期，则需加大激素用量。在初情期乏情的母猪，也可使用促性腺激素进行处理。

提早断奶是诱导母猪发情的方法之一，但断奶时间愈早，断奶至出现发情的间隔时间愈长。如果在哺乳期内实行部分断奶，即从哺乳21天开始，每天哺乳12小时，3天后再注射PMSG，可促使母猪在哺乳期内发情。

对产后不发情的母猪也可使用激素处理，促其发情。如一次注射3～4毫升三合激素，一般2～4天有97%的母猪发情，其中60%～70%可以受胎，发情配种未受胎的则21天便可自然发情。若在母猪配种前30分钟每头肌肉注射LRH-A_2 40微克，可提高产仔数37%。断奶后久不发情的母猪也可注射PMSG和HCG，每头注射PMSG 250～1 000 IU，HCG 500 IU，10天将有80%以上的母猪发情，其中90%可以受胎。

五、马的诱导发情

乏情母马可使用促性腺激素或 PG 进行诱导发情。用盐水冲洗子宫也可促进发情。

第三节 超数排卵

超数排卵是指在母畜发情周期的适当时期，注射外源性促性腺激素（PMSG 或 FSH），诱发其卵巢上比在自然条件下有更多的卵泡发育并排卵的方法，简称超排。超排技术是大多数家畜，特别是单胎家畜，提高繁殖率的有效手段。

哺乳动物的卵巢在初生时含有$(2\sim4)\times10^5$个卵母细胞，但在生命过程中经自然发情排卵的仅有数十个。应用超排技术可使每次的排卵数由 1～3 个增为 10～20 个，然后回收卵母细胞，对于不成熟的卵母细胞须经体外培养方可与精子作用，形成早期胚胎，从而开发利用卵巢上的卵母细胞资源，提高良种家畜的繁殖力，对充分利用其高产基因，加速品种改良具有重要意义。

一、超数排卵的原理

研究表明，卵巢上只有有腔卵泡对外源性促性腺激素的刺激敏感而发生排卵，卵泡腔的形成及生长期卵泡的发育又完全受 FSH 和 LH 的控制。FSH 在启动卵泡腔的形成过程中起着重要的作用，能促进颗粒细胞加速有丝分裂并分泌卵泡液。在自然状态下，动物卵巢上约有 99％的有腔卵泡发生闭锁、退化，仅有 1％的能发育成熟排卵。在每次发情之前，优势卵泡加速生长，因为吸收利用了全部促性腺激素而使其他的有腔卵泡闭锁、退化。在发情期，LH 释放频率加速，可使优势卵泡逐渐增加雌二醇的分泌，当优势卵泡成熟时，其所分泌的雌二醇正反馈作用于垂体，使垂体大量释放 LH。LH 可使卵母细胞减数分裂恢复，再加上成熟卵泡分泌 PG，促使卵母细胞释放胶原酶而溶解局部组织，从而出现排卵过程。故超数排卵可认为是应用超过体内正常水平的外源性促性腺激素，使将要发生闭锁的有腔卵泡发育，从而成熟排卵。实验表明，在家畜有腔卵泡闭锁前注射 FSH 或 PMSG，能使大量卵泡不发生闭锁。若在排卵前再注射 LH 或 HCG 即可弥补内源性 LH 的不足，可保证这些卵泡成熟排卵。

二、超数排卵所用的激素及使用方法

(一)超数排卵所用的激素

1. PMSG　属于糖蛋白激素，具有 FSH 和 LH 的双重活性，半衰期长，一般母牛使用剂量为 2 000～3 000 IU，作一次肌肉注射。随着 PMSG 的剂量增大，卵巢的反应亦会加强，发情提早。但过大剂量的激素其超排效果不稳定，如注射剂量超过 3 000 IU，并不能增加母牛的排卵数，反而易引起卵巢囊肿。使用 PMSG 作超数排卵处理效果良好，药效比较稳定，卵巢体积不会过度增大，处理后卵巢容易恢复正常，排卵率高，残余的成熟卵泡少。

2. FSH　是由腺垂体嗜碱性粒细胞合成和分泌的一种糖蛋白激素，主要刺激卵泡的发育成熟，刺激卵巢生长及增加卵巢重量。FSH 的半衰期很短，一般在血液中的半衰期仅有 120～170 分钟，注射后在较短时间内便失去活性，因此使用时需作分次注射。

3. $PGF_{2\alpha}$　在超排处理中常作为配合药物使用，不仅能使黄体提早消退，而且能提高超排效果。在母牛发情周期第 16 天注射 PMSG 20 000 IU，不需要配合使用 $PGF_{2\alpha}$，而在黄体期注射同样剂量 PMSG 后 8 小时，配合注射 $PGF_{2\alpha}$，促使黄体提早消退，每头供体的平均排卵数可提高到 13 个。但 PMSG 不宜与 $PGF_{2\alpha}$ 同时注射，否则会导致排卵率降低。

4. 促排卵类药物　经超排处理的供体，卵巢上发育的卵泡数要多于自然发情的卵子数，仅依靠内源性促排卵激素不能达到超排目的。因此，在供体母畜出现发情时，需要静脉注射外源性HCG或GnRH、LH等，以增强排卵效果，减少卵巢上残余的卵泡数。

(二)超排处理方法

1. FSH多次注射法或PMSG一次注射法　FSH、PMSG都具有促进卵泡发育的功能，所不同的是FSH需分多次注射，一般一天两次，连续处理3～4天，有的甚至处理5天，而使用PMSG只需注射一次即可。经超排处理的动物一般于发情开始后12～16小时和20～24小时各配种或人工授精一次，并于第一次配种后静脉注射HCG或LH，以便于排出多数卵子。激素的应用时间及剂量因动物种类不同而异，见表8-1。

表8-1　促性腺激素在超排中的应用时间及剂量

动物	处理时间（周期天数）	PMSG(IU)	FSH(毫克)	HCG(IU)	LH(毫克)
牛	15～16	1 500～3 000	20～50	1 500～2 000	75～100
山羊	16～17	1 000～1 500	12～20	1 000～1 500	50～75
绵羊	12～14	1 000～1 200	10～15	1 000～1 500	50～75
猪	15～16	750～1 500	10～20	1 000～1 500	25～50
家兔		25～75	2～3	25～75	2～3

2. PMSG或FSH＋前列腺素法　若用PMSG或FSH进行超排处理，一般于注射FSH或PMSG的第4～6天再注射LH或HCG，这种处理方法的缺点在于黄体退化时间不一致，排卵时间的先后也不同，因此在排卵处理的程序中加入$PGF_{2\alpha}$或其类似物质，以期及时溶解黄体，使超排时间整齐一致，便于集中采集胚胎。

通常在使用 PMSG 处理后 48 小时，采取子宫颈注入法或肌肉注射法注射 $PGF_{2\alpha}$或其类似物，其剂量因 PG 或其类似物的种类、批次及动物种类不同而有所差异。对于牛来说，$PGF_{2\alpha}$的用量为 30 毫克，15-甲基 $PGF_{2\alpha}$为 2 毫克，氯前列烯醇为 500 微克。绵羊和山羊的用量是牛所用激素剂量的一半。据 Sreenan 报道，使用 PMSG 和 PG 或其类似物两种激素配合处理母牛，95％的牛于 PG 处理后 24～96 小时有发情表现。许多学者报道，使用此种方法处理后，母牛的排卵数为 8～18 枚，回收卵子的受精率约为 80％。

3. FSH＋前列腺素＋LH 法　母牛待处理的时间安排在发情周期的第 7～14 天的任何一天，FSH 分多次注射，每天上、下午各一次，每次注射 FSH 的同时肌肉注射一定量的 LH。供体于处理 48 小时后肌肉注射前列腺素，受体则提前一天注射。

4. PMSG 与 PMSG 抗体结合使用　由于 PMSG 分子量大，在体内的半衰期长，且易使母畜体内产生抗体，从而影响卵泡的发育。1977 年，Bindon 等首次报道将 PMSG 抗血清用于绵羊和牛的 PMSG 超排处理程序，以克服 PMSG 的副作用。结果发现，PMSG 抗血清可以消除 PMSG 的残留作用，明显增加可用胚数，提高超排效果。其使用时间应根据具体情况而定，一般于 PMSG 注射后 2～3 天注射即可。

5. FSH 一次注射超排法　FSH 的超排效果虽然优于 PMSG 的效果，但因其半衰期短，必须多次注射才能产生效应，因此处理比较烦琐。Yamaoto 等报道，将 FSH 30 毫克溶解于 10 毫升聚乙烯吡咯烷酮（PVP，300 克/升）中，给牛一次肌肉注射，进行超排处理，获得良好效果。这一方法大大简化了超排操作程序，且便于在生产中推广应用。国内将其应用于绵羊和山羊的超排处理，结果证实一次肌肉注射与多次注射 FSH 具有同样的理想效果。山羊的用法为：给山羊放置含左旋 18-甲基炔诺酮（30 毫克）的阴道海绵栓 1 个,同时注射雌二醇 2 毫克,进行预处理 7 天,然后用 300 克/升 PVP 5~6 毫升溶解 FSH 250~300 IU,一次肌肉注射,于处理后第 3 天下午撤除阴道海绵栓,同时皮下注射 15-甲基 $PGF_{2\alpha}$ 0.6 毫克,待发情后配种。

6. 孕激素+PMSG 或 FSH 超排处理法　目前多用人工合成的孕激素类制剂进行超排处理,如甲孕酮(MAP)、氟孕酮(FGA)、Cronolone 等,这些制剂的生物学活性比孕酮高 10~20 倍。制剂种类和动物种类不同,所需激素的剂量也有差异。如使用孕酮进行处理时,绵羊需处理 12~14 天,山羊 14~18 天,每天剂量为 10~12 毫克。用 Cronolone 30~45 毫克、MAP 60 毫克或 FGA 30~40 毫克制成的海绵栓,在绵羊阴道内放置 12~14 天,山羊 14~18 天,取出海绵栓的前 1~2 天,一次肌注 PMSG 1 000~2 000 IU 或 FSH-P 12~24 毫克,撤栓后 1~2 天开始发情。为缩短时间,孕激素可与 PG 结合起来使用。

(三)提高反复超排处理效果的措施

超排应用的 PMSG、HCG、FSH 及 LH 均为大分子蛋白质,对母畜作反复多次注射,体内会产生相应的抗体,使卵巢的反应逐渐减退,超排效果也随之降低。因此,对超排处理的要求不仅包括第一次超排后的效果,而且还要考虑重复进行超排处理的效果。对于一头优良的供体母畜不仅能从一次超排处理中获得许多胚胎,更重要的是能否反复进行有效的超排处理,从而达到最大限度地提高供体的繁殖力。为了提高反复超排的效果,可采取以下措施:

1. 增加药物的剂量　在第二次超排处理时,可将促性腺激素的剂量加大,以达到正常的超排效果。

2. 间隔一定时期处理　母畜每进行一次超排处理,卵巢便经历一次沉重的生理负担,需经一定时期才能恢复正常的生理机能。所以,在给供体母牛作第二次处理的间隔时间应为 60~80 天,第三次处理时间需延长到 100 天后。在每次冲洗胚胎结束后,应向

子宫内灌注 $PGF_{2\alpha}$，以加速卵巢的恢复。

3. 更换激素制剂　连续两次使用同一种药物进行处理后，为了保证卵巢对激素的敏感性，可以更换另一种激素进行超排处理，以获得较好的效果。

三、超数排卵的效果

(一)受胎率

凡进行超排处理排出的卵子的受精率一般低于自然发情排出的卵子。因为经超排处理后，在高浓度雌激素的作用下，改变了卵子和胚胎在输卵管、子宫内的生存环境，从而影响了胚胎的发育。回收时间越晚，变性胚胎的比例也越高。因此，回收时间应适宜，一般情况下，随着排卵数的增加，其受精率和采胚率有下降的趋势。

(二)排卵数

供体母畜一次超数排卵的数目不宜过多，以两侧卵巢一次排卵 10～15 枚为宜。否则，受精率下降，机能恢复所需时间长。对于多胚动物的排卵数可多一些。

(三)发情率

应用促性腺激素和 $PGF_{2\alpha}$ 进行超排处理，大部分母牛有发情表现，也有少数虽无发情表现，但却能正常排卵。

(四)发情时间和胚胎回收率

进行超排处理注射 $PGF_{2\alpha}$ 后 48 小时内发情的供体母牛胚胎回收率最高，72 小时后回收率明显下降，而且多为未受精卵。

(五)发情周期

超排后的母畜血液中含有高浓度的孕激素，因此发情周期将会延长。

四、影响超数排卵效果的因素

(一)个体

母牛在超排处理中约1/3供体牛的效果理想,1/3的牛反应一般,1/3的牛效果甚差。有的个体对不同的促性腺激素反应不同。

(二)年龄和胎次

青年母牛对超排药物敏感,所以排卵数和回收率高于经产母牛。

(三)超排时间

一般发情周期第10天以后作超排处理效果理想。分娩后不久的母畜,不宜立即进行超排处理,一般需在45～60天后进行。

(四)品种

不同的品种作超排处理后,效果不一样。如应用PMSG 2 000 IU进行超排处理,黑白花奶牛平均排卵5.3枚,西门塔尔牛12.2枚,利木赞牛16.4枚。

(五)季节

母牛在27℃以上,超排效果理想。同时日照时间的长短对供体牛的激素分泌和受胎率也有明显影响。

(六)泌乳

对泌乳期母牛的超排处理要优于干乳期母牛,但处于泌乳高峰的母牛对PMSG不敏感。分娩后不宜过早进行超排处理,一般需在45～60天后进行。

五、超数排卵处理有待解决的问题

超排处理能有效地增加母畜的排卵数,提高其繁殖率,但这一处理方法在一定程度上影响其自然情况下应具有的生殖激素的平衡状态,因此还存在一些问题有待解决。

(一)超排处理的个体反应差异

实践证明,不同的个体作超排处理后,效果不一样。就同一个体而言,每次超排处理后其反应的差异也很大,这就使要准备的受体数量难以确定。

(二)超排处理中激素对卵母细胞的影响

将经超排处理组及对照组的胚胎收集,用不含激素的培养液进行体外培养,结果发现,对照组卵母细胞蛋白质合成情况与活体卵巢上生长卵泡内卵母细胞的相同,而超排组 28%的卵母细胞蛋白质合成过程发生改变,其原因在于 PMSG 提前激活了生殖系统而引起卵母细胞老化或发生异常。

(三)超排处理对生殖道的影响

用 PMSG 对山羊进行超排处理,发情后第 6～8 天的胚胎回收率相当低,且有黄体过早退化现象。若收集第 4 天的胚胎,则胚胎的回收率显著提高。出现此种情况是由于黄体过早退化,孕酮分泌量急剧下降,而经超排处理后卵巢雌激素的分泌量又显著增多,故生殖道活动增强,其结果导致胚胎快速下行而排出。

(四)超排处理的负效应

超排处理过程中,胚胎易发生死亡而被吸收,流产的胎儿染色体有异常现象,这些现象是由 PMSG 所致的母畜体内类固醇激素升高而引起。有实验表明,在妊娠早期给动物注射雌二醇和孕酮,可导致胚胎发育异常、退化或生长阻滞,若能阻止类固醇激素的分泌,则能提高胚胎的成活率。

六、抗 PMSG 在超数排卵处理中的应用

PMSG 在超排处理中只需注射一次,从而使超排程序简化,但因其半衰期长,在体内不易及时清除,不仅影响卵泡的最终成熟和排卵,而且还能引起排卵后第二次卵泡发育波,产生不能排卵的大卵泡,后者分泌雌二醇,降低了胚胎的发育质量并能使黄体早期

退化,使胚胎的回收率降低。通过 PMSG 抗血清或 PMSG 单克隆抗体与体内的 PMSG 相结合,形成大分子抗原抗体复合物,可中和残留的 PMSG,迅速降低外周血中 PMSG 的浓度,抑制排卵前后卵巢中卵泡的发育,防止其发育成大卵泡,相应地降低雌二醇的水平,提高胚胎的发育质量、回收率和可用胚胎率。

在超排处理过程中,PMSG 抗血清或 PMSG 单克隆抗体的处理时间与 PMSG、PG 注射或超排发情的时间有关,也可通过测定 LH 峰来确定 PMSG 抗血清或 PMSG 单克隆抗体应用的具体时间。使用 PMSG 对母畜进行超排处理时,该激素对卵泡的发育影响主要有最初刺激阶段、卵泡的选择和生长阶段及卵泡的最后成熟阶段。由于母畜对 PMSG 刺激的最初反应变异明显,故其排卵前的卵泡数存在个体差异,而后者又与 PG 注射后 LH 峰出现前的时间间隔有关,当 PMSG 诱导产生大量卵泡时,LH 峰出现较早,否则出现则较迟。若在 LH 峰出现前注射抗 PMSG,势必阻止超数排卵,而在 LH 峰之后 4～6 小时用抗 PMSG 中和 PMSG,即可解除 PMSG 对卵泡和卵母细胞最后成熟的副作用及排卵后卵泡的第二次发育波,从而使排卵数和可用胚数增加;若于 LH 峰出现后 7～15 小时注射抗 PMSG,便不能有效地改善排卵率,也不能提高胚胎的回收率和可用胚数。由此可见,抗 PMSG 的使用时间与 LH 峰的出现密切相关,故可根据 LH 峰出现的时间安排适宜的抗 PMSG 的使用时间,提高超排效果。

第九章 胚胎移植技术

第一节 概 况

一、胚胎移植的概念

胚胎移植是指将遗传品质优良的繁殖母畜经超数排卵处理，发情后配种或人工授精，将其早期胚胎（体内产生的胚龄为3～8天的胚胎）取出，或者是由体外受精及其他方式获得的早期胚胎（体外生产的胚胎，一般为桑椹胚或囊胚），经过检查处理，移植到生理状态相同的同属同种或同属不同种的母畜生殖道内，使胚胎继续发育直至产仔的技术。提供胚胎的母畜称为供体，接受胚胎的母畜称为受体。胚胎移植实际上就是借受体母畜之腹来怀优良供体母畜之胎的技术，故又称借腹怀胎。

二、发 展 概 况

胚胎移植在1890年由英国学者Walter Heapel用兔子试验成功，至此已有119年的研究历史。20世纪30年代以后，胚胎移植的研究越来越多，多种家畜相继获得成功：绵羊（1934），山羊（1949），猪和牛（1951），马（1974）。1975年1月在美国科罗拉多州召开了第一届国际胚胎移植学会成立大会，标志着胚胎移植技术进入新的更高的发展阶段。迄今为止，世界上通过胚胎移植获得后代的哺乳动物有20余种。

我国自1973年家兔胚胎移植成功后，在牛、猪、山羊、绵羊、马、骡、水牛、猫和小鼠包括人等的 11 种哺乳动物上都取得了成功。

在国际范围内，现在以牛的胚胎移植研究最多，成果也最大。手术移植成功率（受体妊娠率）可达 60%以上，非手术移植的成功率鲜胚在 50%～60%之间，冻胚在 40%～50%之间。就群体而言，一头供体采得的胚胎经过移植，最后可获得 2～4 头犊牛。随着胚胎移植研究工作的不断深入，涉及的内容更为广泛。如胚胎经过性别鉴定再进行移植，卵母细胞的体外培养、成熟和体外受精以及胚胎的分割均已取得进展，这就大大提高了胚胎移植的实用价值。

三、胚胎移植的意义

1. 发挥优良母畜的繁殖潜力 一头良种母牛的卵巢内有几万个生殖细胞，但在一个正常性周期内只有几个卵泡成熟并排卵，即使受精也只能产生一头良种牛犊。一只良种母畜一生只能繁殖 10 个左右的后代，大部分时间用于妊娠和哺乳。如果能让良种母畜更多的卵泡成熟排卵，且让品质平凡的同种母畜担任妊娠和哺乳的任务，那么，优良母畜可以获得后代的数目至少增加几十倍。

2. 加速品种改良，扩大良种畜群 一般在一个畜群中优良的母畜只占少数，超数排卵使一头母畜在一个性周期内产生更多的胚胎，然后移植到低产母畜子宫中，让其生产优良个体的后代，从而加速了品种改良速度。如加拿大有一头荷斯坦牛，曾生产了 86 头胚胎移植小牛，分属 18 头种公牛的后代。国内也有用胚胎移植技术从一只供体母羊的一次超数排卵中获得 10 只羔羊的报道。

3. 诱发肉牛怀双胎 在肉牛业中，有一种由胚胎移植演化的所谓的“诱发双胎”的方法。即向已配种几天后或未配种但生理状态合适的母畜移植一枚或两枚胚胎，可望获得双胎。这种人工诱发双胎的方法提高了受体母畜的受胎率。

4. 代替活畜运输　冷冻胚胎可长期保存，使移植不受时间和空间的限制。胚胎运输方便，且运输费用胚胎比活畜低，便于良种推广。

5. 利于品种资源保存　畜种的生命周期是有限的，因而活畜保种有很大的局限性。而胚胎的长期保存是保存某些特有家畜品种和野生动物资源的理想方式，把优良品种的胚胎贮存起来，还可以避免某一地区的良种遭受疫病、自然灾害或战争的意外打击的危险，而且比保存活畜的费用低得多，容易实行。冷冻精液、冷冻胚胎和冷冻卵母细胞共同构成优良性状的基因库。

6. 防疫需要和克服不孕　胚胎外部有透明带，可防止细菌和病毒侵入，可用于培养无特异病原畜群，重建健康牛、猪群等。有些优良母畜容易发生习惯性流产或难产，或是由于其他原因不宜负担妊娠过程，可让其充当专门供体，正常繁殖后代。美国科罗拉多州立大学的研究人员通过胚胎移植，曾从一头屡配不孕的母牛在 15 个月内得到 30 头犊牛。

7. 研究手段　胚胎移植是研究受精生物学、遗传学、胚胎学、细胞学、动物育种学、免疫学以及繁殖生理学等理论问题的一种很好的手段。同时又是研究胚胎工程如胚胎分割、胚胎嵌合、体外受精、性别鉴定、核移植、转基因动物等的基础和生长点，因为这些技术最终产生动物个体目前仍离不开胚胎移植环节。

第二节　胚胎移植的生理学基础

一、胚胎移植的原理

1. 母畜发情后生殖器官的孕向发育　大多数发情排卵的家畜，发情后不论是否配种，配种后是否受精，生殖器官都会发生一系列变化。如卵巢上黄体的形成和发育造成孕酮的分泌并维持在较高水平，子宫内膜组织增生和分泌机能的增强。这些变化都会为可能存在的胚胎创造适宜的发育条件，为妊娠做准备。健康成熟母畜的发情、受精和妊娠是连续发生的不中断的生理变化。母畜在发情后的最初数日，生殖系统的变化是相同的。也就是说在发情后相同的时间内，生理状态是完全一致的，只是到了一定期限(相当于周期黄体的时间阶段)后受精的母畜与未受精的母畜在生理变化上向不同的方向发展，产生很大的差别。进行胚胎移植时不配种的受体母畜可以接受胚胎，为胚胎发育提供所需的环境。这种发情后母畜生殖器官相同的变化使供体胚胎向受体移植并被接受成为可能。试验证明，胚胎移植受体母畜生殖器官的生理状态与正常胚胎的发育阶段一致，胚胎才会继续发育。

2. 早期胚胎的游离状态　家畜的胚胎在附植之前是独立存在的，它游离于子宫腔之中，它的早期发育主要靠本身贮存的营养物质，在体外条件下仍能存活，当放入与供体相同的环境中可继续发育。胚胎的游离存在和短期内体外生存使收集和体外处理成为一种可能。

3. 胚胎和受体的联系　移植的胚胎，如果得以存活，在受体子宫内附植并与内分泌系统建立起生理学和组织学上的联系，从而保证以后的正常发育。

4. 胚胎移植与免疫耐受性　受体母畜的生殖道对于本身胚胎和外源同种胚胎有免疫耐受性，一般不会产生免疫排斥现象。因此，胚胎由一个母体转至另一个母体可以存活下来。然而，胚胎移植的受胎率，尤其是异种间的胚胎移植受胎率并不理想，是否存在免疫学上的原因，仍有待研究。

5. 胚胎的遗传特性　受体对胚胎并不产生遗传上的影响，不会改变新生个体的遗传特性，或减弱其固有的优良性状。

二、胚胎移植的原则

1.胚胎移植前后环境的同一性

这种同一性的含义是指胚胎移植后的生活环境和胚胎的发育阶段相适应，主要有以下几个方面：

(1)供体和受体分类学上的同属性　即二者是同种，但这并不排除不同种(在动物进化史上，血缘关系较近，生理和解剖特点相似)之间胚胎移植有成功的可能性。一般来说，在分类上关系较远的不同物种，由于胚胎的组织结构、发育需要的条件(营养、环境)和发育速度(附植的时间和妊娠期)差异太大，它们之间的胚胎移植不能存活或只能存活很短时间。

(2)生理上的一致性　即受体和供体在发情时间上的同期性，也就是说移植的胚胎与受体在生理上是同步的，在胚胎移植实践中，一般供、受体发情同步差要控制在±24 小时内。发情同步差越大，移植妊娠率越低，以至不能妊娠。

(3)解剖部位的一致性　即胚胎移植后与移植前所处的空间部位的相似性。也就是说，如果胚胎采自供体的输卵管，那么胚胎也需移植到受体的输卵管，如果胚胎采自供体的子宫角，那么胚胎也需移植到受体的子宫角。

胚胎移植所以要遵循上述同一性的原则，是因为发育不同阶段的胚胎对母体子宫环境的要求很严格。母畜生殖道的变化，直接受到卵巢上黄体分泌的类固醇激素多少的控制，而黄体的形成时间和卵母细胞受精时间是一致的。受精后胚胎的发育和子宫内膜的发育是同步的。胚胎的发育伴随着它与输卵管、子宫相对位置的变化，所以还包括胚胎的发育阶段与受体生殖道位置上的一致性。如果胚胎移植空间位置上发生错乱，就意味着相互关系的破坏，往往导致胚胎死亡。

2. 胚胎采集的期限

胚胎采集和移植的期限(胚胎的日龄)不能超过周期黄体退化的时间,应在受体母畜周期黄体退化之前数日进行。通常在供体母畜发情配种后3~8天内采集胚胎,受体母畜在相同时间接受胚胎移植。如果晚于这个时间收集和移植胚胎,则必须受体母畜本身已受胎,虽然理论上可以成功,但无更大的实际意义。

3. 胚胎的质量保证

在胚胎移植的全部过程中,胚胎不应受到任何不良因素(物理、化学、微生物)的影响而降低生活力。移植前胚胎须经专业人员的鉴定,评定等级,估计受胎能力。

胚胎移植是一个远比器官移植简单得多的外科手术。该项技术实践性很强,对于不同种的家畜的不同个体都有其规律性,只有正确而熟练的操作才会提高成功率和生产率。

第三节 胚胎移植的技术程序

胚胎移植的主要技术程序包括供体的超数排卵、配种或人工授精;受体的同期发情;胚胎的采集;胚胎品质的鉴定;胚胎的体外保存和胚胎的移植等(图9-1)。

一、供体、受体母畜的选择

1. 供体的选择

(1)供体应具备遗传优势。在育种上有价值,应选择生产性能高、经济价值大的动物(家畜)作为供体。以奶牛为例,应选择产奶量、乳脂率和乳蛋白含量高的个体作为供体。

(2)供体应具有良好的繁殖能力。既往繁殖史好、易配易孕;繁殖史上没有遗传缺陷;分娩顺利,无难产或胎衣不下现象;生殖器官正常,无繁殖疾病;性周期正常,发情征状明显。

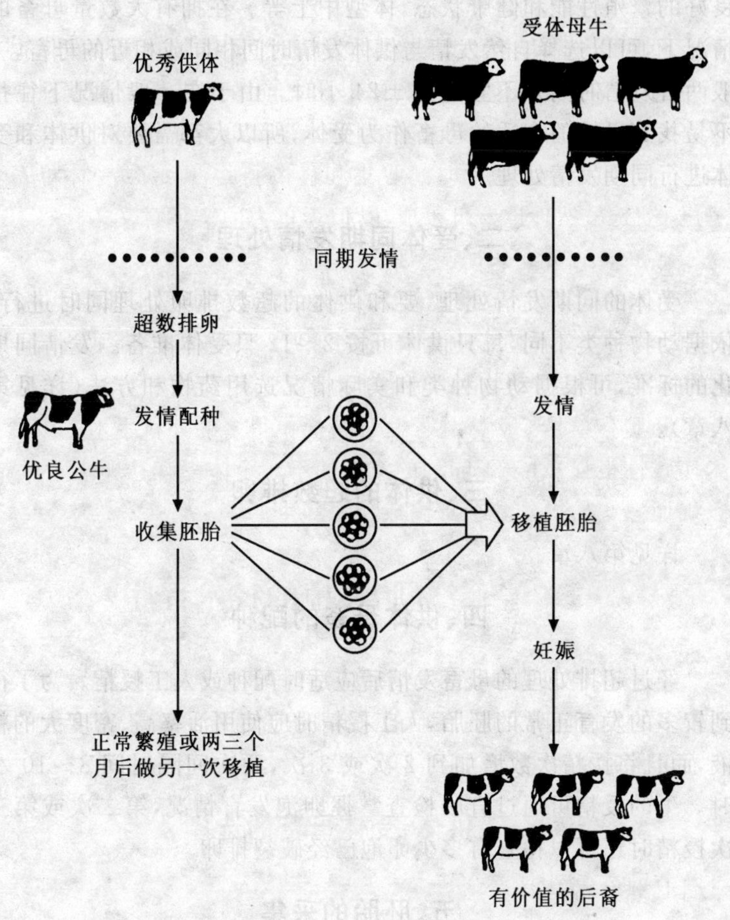

图 9-1　胚胎移植程序

(3)供体应营养良好，体质健壮，健康无病。

2. 受体的选择

受体母畜可选用非优良品种的个体或土种家畜，但也应具有良好的繁殖性能和健康状态，体型中上等。在拥有大数量母畜的情况下，可以选择自然发情与供体发情时间相同或相近的母畜，一般两者发情时间差不宜超过±24 小时。由于在一般情况下往往不易找到足够的合适的母畜作为受体，所以大都需要对供体和受体进行同期发情处理。

二、受体同期发情处理

受体的同期发情处理，要和供体的超数排卵处理同时进行。依据动物种类不同，每只供体可按 2～12 只受体准备。发情同期化的标准，可根据动物种类和实际情况选用药物和方法（详见第八章）。

三、供体的超数排卵

详见第八章。

四、供体母畜的配种

经过超排处理的母畜发情后应适时配种或人工授精。为了得到较多的发育正常的胚胎，人工授精时应使用活率高、密度大的精液，而且将授精次数增加到 2 次或 3 次，两次间隔时间 8～10 小时。牛的授精可通过直肠检查掌握卵泡发育情况，第二次或第三次授精时还可以检查有多少卵泡已经破裂排卵。

五、胚胎的采集

胚胎的采集是利用冲洗液将胚胎由输卵管或子宫冲出，收集在器皿内。在体视显微镜下用特制的玻璃细管将胚胎从冲洗液中检出，放在盛有培养液的平皿内。对羊、猪、兔等中小动物，胚胎的冲洗采用腹部切开的手术法。对牛、马等大家畜可采用特殊的装置从阴道插入子宫角直接冲洗，避免腹部开刀，称为非手术法。非手术法必须在胚胎进入子宫角以后进行。不论采用哪种方法，冲洗时必须要考虑供体排卵时间、配种时间，以确定胚胎的位置，才能得到较高的收集率。几种家畜的排卵时间和胚胎发育的速度及所处的位置见表 9-1。

表 9-1　几种家畜的排卵时间和胚胎发育速度

畜别	排卵时间	发育速度（排卵后天数）							
		2 细胞	4 细胞	8 细胞	16 细胞	进入子宫	胚泡形成	脱离透明带	附植开始
牛	发情结束后 10～11 小时	1～1.5	2～3	3	4	3～4	7～8	9～11	22
绵羊	发情开始后 24～30 小时	1.5	1.5～2	2.5	3	2～4	6～7	7～8	15
猪	发情开始后 35～45 小时	1～2	1～3	2～3	3.5～5	2～2.5	5～6	6	13
马	发情结束前 1～2 天	1	1.5	3	4～4.5	4～6	6	8	37
兔	交配后 10～11 小时	1	1.5～2	1.5～2	2	2.5～4	3～4		

（一）手术法采卵

1. 牛的手术法采卵　供体母牛手术前空腹 24 小时，在室外把供体术部（肷部或腹中线）的毛剃掉，洗刷干净。掏去粪便，然后把牛牵进保定架。若在肷部切口，母牛取站立保定，并行局部麻醉，术口在左侧可以开得高些，在右侧低些。若在腹中线切口，需进行全身麻醉，取仰卧保定，一般在腹下乳房前到脐之间沿白线切开，切口长 10～15 厘米。切开皮肤后，肌肉作钝性剥离，用刀柄撕裂腹膜。无论是肷部或腹中线切口后，均应轻轻地把子宫角、输卵管和卵巢牵引到术口，暴露的生殖道部分应尽量少些，并经常用生理盐水湿润之。然后进行冲卵。肷部或腹中线切口各有优缺点。腹中线切口便于冲卵,但创口和生殖道容易感染和粘连,并且要进行全身麻醉。肷部切口,虽不需要全身麻醉,可是冲洗另一侧输卵管或子宫角时较为困难。手术采卵按冲卵的部位又可分为以下几种方式:

(1)输卵管采卵法　由子宫角向输卵管伞部冲洗,当卵巢和输卵管被牵引暴露于创口外,取一玻璃或塑料细管,一端从伞部插进输卵管内约2厘米深,用拇指和食指固定,用细线将输卵管扎紧,细管的另一端接集卵皿,然后可将盛有10毫升冲卵液的注射器及6号针头从子宫角上端插入,经输卵管和子宫角结合部一直伸到输卵管内,向输卵管方向冲卵,此称为上行冲卵。由输卵管伞部向子宫角与输卵管结合部冲洗,用拇指和食指或用止血钳夹住子宫角上端,在稍前方用一钝形针刺破子宫壁,然后沿针孔将玻璃或塑料细管一端插入子宫角上端,细管另一端接集卵皿,由伞部注入冲卵液,通过插入子宫角上端的细管接取冲卵液。输卵管采卵法的优点是采卵率高;冲卵液用量少,10毫升即可;检卵快;并且可准确计算排卵点。缺点是从输卵管插进细管或冲洗,容易造成输卵管及伞部损伤。

(2)子宫角采卵法　自腹中线切口引出子宫角后,用拇指和食指或肠钳夹住子宫角基部,并在子宫角基部用一钝形针穿刺子宫壁,取一塑料细管沿着针孔插进子宫腔,然后充入空气10～15毫升,使冲卵液从子宫角顶端向子宫角基部方向注入,胚胎随冲卵液由细管流入集卵器皿,此称为下行冲卵。母牛发情配种5天后,多数胚胎已达子宫角内,可采用此法冲卵。冲洗完毕用细的羊肠线缝合子宫创口。这种方法的优点是手术过程只需拉出子宫角,缺点是因子宫腔大,采卵率偏低。

(3)输卵管-子宫角双冲洗法　此法就是把上述两种方法结合使用,在一侧冲洗完毕后,再用同样方法冲洗另一侧。一般情况下配种5天后，胚胎已进入子宫角，用激素超排可影响胚胎在生殖道的运行速度，个别也有配种5～7天后，仍有少数胚胎留在输卵管或胚胎提前（配种后仅3天）由输卵管进入子宫角，采用此方法可以把输卵管和子宫角的胚胎都冲洗出来，因此能获得较高的采卵率。

无论采用哪种方法，如果第一次采卵数与卵巢上的黄体数相差太大，可重复冲洗两次。一般认为，一头母牛重复施行手术不宜超过3次，但重复4次或5次仍然有生育能力。在两次手术后，如果需要做第三次手术，最好让牛自然配种并产犊后再行手术。虽然手术法可较有把握地采到更多的胚胎，但后遗症也较多。由于牛可采用非手术法采卵，目前除试验研究需要外，在生产上已不再采用手术法。

2. 羊的手术法采卵

(1)采卵时间　以发情日为0天，用手术法在2～3天从输卵管采卵或在5～7天从子宫采卵。

(2)采卵手术　供体羊肌肉注射2%静松灵约0.5毫升，用普鲁卡因2～3毫升或利多卡因2毫升，在第一、第二尾椎间作硬膜外麻醉。供体羊仰放在手术保定架上。手术部位一般选择乳房前腹中线部（在两条乳静脉之间）。术部切口长约5厘米，便于暴露母羊的子宫和卵巢。术者将食指及中指由切口伸入腹腔，触摸子宫角，摸到后用二指夹持，牵引到创口表面，观察卵巢表面排卵点。采卵结束后，将腹膜、肌肉和皮肤缝合并做消毒处理。

(3)采卵方法

输卵管法：将冲卵管用内径2毫米的塑料导管一端由输卵管伞部的喇叭口插入2～3厘米深，另一端接集卵皿。用注射器吸取冲卵液5～10毫升，在子宫角靠近输卵管的部位，将针头朝输卵管方向扎入，冲卵液由宫管结合部流入输卵管，经输卵管流至集卵皿。输卵管法采卵回收率高，冲卵液用量少，检卵省时间，但是容易造成输卵管的损伤和伞部的粘连。

子宫法：术者将母羊子宫暴露于创口外，用肠钳夹在子宫角分叉处，注射器吸入20～30毫升冲卵液，用注射针头从子宫角尖端插入，推注冲卵液，将回收卵针头从肠钳钳夹基部的上方扎入，冲卵液经导管收集于集液杯内。另一侧子宫角用同样方法冲洗。子宫法对输卵管损伤甚微，但卵回收率较输卵管法低，用液较多，检卵费时。

3. 猪的手术法采卵

(1)采卵时间　采卵时间一般在排卵后2～6天进行，排卵后2天(4细胞)以前从输卵管采集，排卵2天(4细胞)以后，从子宫角采集。

(2)采卵部位　猪胚胎采集的手术部位有两个，即由腹中线或肷部手术，切开腹壁，引出卵巢、输卵管和部分子宫角进行胚胎采集。

(3)采卵方法　有两种方法，即子宫角采卵法和输卵管采卵法。

子宫角采卵：在距子宫输卵管结合部50厘米左右处的子宫角扎一小孔，插入冲卵管，由进气孔给气囊充气，固定于子宫角，再由进液口注入冲卵液(30～50毫升)冲洗子宫角，冲卵液由冲卵管前端开口回收于器皿内。

输卵管采卵：有两种方法，即上冲洗法和下冲洗法。上冲洗法是将塑料细管从输卵管伞插入到膨大部，塑料细管下面连接回收器皿。用带针的注射器吸入5毫升冲卵液，在距宫管结合部1.5厘米子宫角处入针，把针插进宫管结合部，注入冲卵液，冲卵液经输卵管和塑料细管流入器皿内。下冲法是在子宫角扎一小孔，将冲卵管插入子宫角，并给气囊充气，使其固定，从输卵管伞将装有冲卵液的注射器(前端连接塑料细管)插入输卵管并注入冲卵液，使冲卵液向输卵管、子宫角方向冲洗由冲卵管开口经冲卵管流入器皿。

(二)非手术法采卵

1. 牛的非手术采卵　由于手术法采卵在生产中应用受到限制,早在20世纪50年代,人们就开始研究非手术采集胚胎的方法,1972年Susie设计成功牛的非手术采卵方法,经过不断改进日趋完善。目前许多国家都有自己制造的非手术采卵管,其基本结构相同,主要有二、三路式采卵管。非手术法采卵只适用于牛、马等大家畜,一般在配种后6～8天进行。牛非手术采卵的具体方法如下:供体牛在采卵前要禁食24小时(泌乳牛除外),将采卵的供体牵入保定架内,于采卵前10分钟对其进行麻醉,大都采用在尾椎硬膜外注入2%的普鲁卡因4～5毫升,在颈部或臀部肌注2%静松灵2毫升左右。在麻醉的同时对外阴部清洗和消毒,然后用净水冲洗并擦干,将手伸入直肠,清除母牛粪便,并检查两侧卵巢黄体数目,手进去后最好不要再出来,以防止直肠内进入气体,造成空腔,使采卵不能进行。采卵前使母牛在保定架内呈前高后低姿势。为利于采卵管的通过,事先用消毒的扩张棒进行宫颈扩张,青年牛尤为必要,成年母牛也可不进行扩张。把采卵管消毒后用冲卵液冲洗,并检查气囊是否完好,将消毒的不锈钢钎插入采卵管内。为防止阴道的异物污染采卵管,通常先用开膣器扩张阴道,将采卵管通过开膣器插入子宫颈外口后,再把开膣器退出,操作者一手通过直肠把握子宫颈,另一手将采卵管经子宫颈缓缓导入一侧子宫角基部,此时抽出部分不锈钢钎,操作者继续向前推进采卵管,当达到子宫角大弯处时,由进气口注入一定量的气体,充气量10～20毫升。充气量的多少依子宫角粗细以及导管插入子宫角的深浅而定。充气量要适当,充气量太小,气囊太松,冲卵液可能沿子宫壁漏掉;充气量太大,容易造成子宫内膜破裂,导致流血。认为气囊位置和充气量合适时,抽出全部不锈钢钎,然后开始向子宫角注入冲洗液。前2次冲洗液对胚胎的回收很关键,一个子宫角不要充得太满,注入量一般在30～50毫升,充满一个子宫角,再令其流至集卵皿，以后液量逐渐增加。与此同时隔着直肠按摩子宫，最好用手在直肠内将子宫提起。这样多次重复冲洗，直至用完400～500毫升洗液。一侧冲洗结束后，将气囊气放掉。可将采卵管在子宫内换侧，也可用另一根采卵管插入对侧子宫角，按前述方法进行冲洗。

2. 羊的非手术采卵　通过子宫颈对羊进行非手术法采卵，国内成充等(1985)和罗承浩(1989)做过尝试，采卵成功率在30%～50%，因采卵成功率低，故很少采用此方法。羊应用非采术采卵需解决以下两个难题：一是羊子宫颈管道弯曲较多，采卵管通过困难；二是羊直肠细小，不能通过直肠把握操作子宫。

六、胚胎检查

超排处理后，卵巢内的卵泡并非同时排卵，加之超排处理使生殖道的内分泌环境发生改变，回收到的胚胎发育程度有很大变化。这就需要对胚胎进行形态学鉴定，选出形态比较正常的胚胎进行移植。有些形态特征较差或发育迟缓的胚胎移植后也有可能发育，但发育延迟在2天以上者，往往很难存活。

(一)胚胎检查方法

收集到的冲洗液移至37℃温箱内的培养皿内，静置10分钟。胚胎沉入培养皿底部，移去上层液，在20倍左右的倒置体视显微镜下检查，然后再放大到50～100倍。正常发育的胚胎一般形态整齐，卵裂球清晰，外膜完整，分布均匀，发育阶段与胚龄一致。无卵裂现象或卵膜裂开的都不能用，无卵裂是未受精，卵膜受损则会引起卵的破裂而废弃。胚胎检查和胚胎鉴定是两个不同的概念。胚胎检查是指在立体显微镜下，从冲卵液中寻找胚胎。胚胎的鉴定则是将检查的胚胎应用各种手段对其质量和活力进行评定(或等级分类)。为了减少体外不利因素对胚胎造成的影响，从母畜生殖道冲出来的冲卵液应保持在37℃环境中，冲卵结束后将冲卵液置于30℃的无菌箱中，最好在箱内检查，如果条件不具备，可在20～25℃的无菌操作室内检查。为缩短检卵时间，最好用2～3台立体显微镜同时检查。因冲卵液量比较大(几百毫升)，全部检查花费时间太多，故采取两种方法，既不让胚胎丢掉又可节省时间。一种方法是静置法：把盛冲卵液的容器在无菌室内静置20～30分钟，胚胎下沉到容器底部，然后将上面的冲卵液吸出，剩下几十毫升即可，然后将这些冲卵液倒入平皿或表面皿，在立体显微镜下进行检查，为防止胚胎粘到容器上，要用冲卵液冲洗容器，这部分单独倒入平皿检查。另一种方法是采用带有网格(直径小于胚胎直径)的过滤器放入冲卵液中，由上往下吸出冲卵液，最后剩下几十毫升即可。为防止胚胎吸附在冲卵器上，用冲卵液反复冲洗过滤器，按上述方法进行处理后，在体视显微镜下进行观察，牛和绵羊早期胚胎的直径为150微米左右。检查出的胚胎用吸卵器移入含有20％的犊牛血清的PBS中进行鉴定。

(二)胚胎发育期的划分和特征

母牛第6～8天非手术采集胚胎的发育为桑椹胚至扩张囊胚，发育期的划分和特征如下：

1. 桑椹胚　卵裂球隐约可见，细胞团的体积几乎占满卵周间隙。

2. 致密桑椹胚　卵裂球进一步分裂变小，看不清卵裂球的界线，细胞团收缩至卵周隙的60％～70％。

3. 早期囊胚　出现透亮的囊胚腔，但难以分清内细胞团和滋养层，细胞团占卵周隙的70％～80％。

4. 囊胚　囊胚腔增大明显，内细胞团和滋养层细胞界线清晰，细胞充满了卵周隙。

5. 扩张囊胚　囊胚腔充分扩张，体积增至原来的1.2～1.5倍，透明带变薄，相当于原厚度的1/3。

6. 孵化囊胚　透明带破裂，内细胞团脱出透明带。

（三）胚胎的分级

胚胎一般分为A、B、C和D四个等级。

A级：胚胎发育阶段与胚龄一致，胚胎形态完整，轮廓清晰，呈球形，分裂球大小均匀，结构紧凑，色调和透明度适中，无游离的细胞和液泡或很少，变性细胞比例<10%。

B级：胚胎发育阶段与胚龄基本一致，轮廓清晰，分裂球大小基本一致，色调和透明度及细胞密度良好，可见到一些游离的细胞和液泡，变性细胞占10%～30%。

C级：胚胎发育阶段与胚龄不太一致，轮廓不清晰，色调变暗，结构较松散，游离的细胞或液泡较多，变性细胞达30%～50%。

D级：有碎片的卵、细胞无组织结构，变性细胞占胚胎大部分，约75%。

A、B级胚胎为可用胚胎，C、D级为不可用胚胎。

（四）胚胎的鉴定

移植前正确鉴定胚胎的质量，是移植能否成功的关键之一。目前鉴定胚胎质量和活力的途径主要有形态学方法、体外培养法、荧光法和测定代谢活性四种，分述如下。

1. *形态学方法* 胚胎不像精子那样具有活动能力，其活力的评定主要是根据形态来进行。一般是在50～80倍的实体显微镜下或120～160倍的生物显微镜下进行综合评定，评定的主要内容是：①卵子是否受精，未受精卵的特点是透明带内分布均质的颗粒，无卵裂球（胚细胞）。②透明带的规则性，即形状、厚度、有无破损等。③胚胎的色调和透明度。④卵裂球的致密程度，细胞大小是否有差异以及变性情况等。⑤卵周隙是否有游离细胞或细胞碎片。⑥胚胎本身的发育阶段与胚胎日龄是否一致，胚胎的可见结构如胚结（内细胞团）、滋养层细胞、囊胚腔是否明显可见。

应该指出，形态鉴定在很大程度上是凭经验进行鉴定，带有一定的主观性。另外，细胞的形态和内在的生命力并不完全存在必然的相关性，单靠胚胎的形态不能完全说明其活力。但是由于形态鉴定胚胎方法简单易行，特别是若观察者经验丰富，此方法还是相当可靠的，正是由于形态学鉴定胚胎有上述优点，在胚胎移植实践中大都采用此方法。

2. 体外培养法　鉴定胚胎活力还可以采用体外培养的方法，观察其发育情况。方法是在一定条件下体外培养被鉴定的胚胎，如果进一步发育，说明胚胎是活的，如果不发育则可认为培养前的胚胎是死的。由于体外培养的方法本身对胚胎的发育就有影响，因此会干扰评定的准确性。如胚胎经体外培养不发育，也可能是由于条件不适所致。此外，体外培养需要一定的设备，又不能及时得出结果，所以此方法对胚胎进行鉴定在生产上应用较为困难。对于体外受精胚胎，囊胚的孵化率是衡量胚胎质量的一项重要指标，因囊胚必须孵化之后才能附植。对于经超数排卵获得的牛体内囊胚，经体外培养后，基本都能孵化；而对于体外受精获得的牛囊胚，其孵化率也在80%～90%。如低于这一指标，说明生产胚胎的培养系统或检测胚胎孵化率的培养系统存在问题，需对其进行改进。胚胎在孵化过程中，各种代谢活动都比较旺盛，故需要的培养液成分也相对比较复杂，血清浓度也应相对提高。因此，在对囊胚的孵化率进行测定时，应使用有别于早期胚胎培养的培养液，血清浓度要在10%左右。

3. 荧光（活体染色）法　将二醋酸荧光素（FDA）加入待鉴定的胚胎中，培养3～6分钟，活胚胎显示荧光，死胚胎无荧光。

4. 测定代谢活性　通过测定胚胎代谢活性，鉴定胚胎的活力。方法是将待鉴定胚胎放入具有严格条件下的培养液中，含有葡萄糖成分培养1小时后，测培养液中葡萄糖的消耗量，若每培养1小时消耗的葡萄糖在2.5微克以上为活胚胎，以下为死胚胎。

5. 胚胎的细胞计数　胚胎的细胞数是真实反映胚胎质量的一项客观指标。通常牛体内早期囊胚、囊胚和扩张囊胚的细胞数分别为 100、120 和 160，体外受精囊胚的细胞数也与此接近。胚胎的细胞计数通常采用两种方法：一种方法是常规的固定染色法，即先将胚胎用 1.0％的柠檬酸钠溶液低渗处理 1 分钟，然后在醋酸-乙醇（1∶3）固定液中固定 24～48 小时，最后用 1.0％的间苯二酚蓝醋酸（45％）溶液染色、镜检。另一种方法是荧光染色法，即先将胚胎在含有 2 微克/毫升 Hoechest33342 的培养液中孵育 10～15 分钟，用培养液清洗 2 次后，在荧光显微镜下镜检计数。

6. 胚胎的超微结构　通过检查胚胎的超微结构，可进一步反映胚胎的质量，能更为客观的判定胚胎质量的优劣。Chartrain 和 Picard（1988）对牛胚胎的超微结构研究表明，胚胎中的死细胞比例和细胞碎片与胚胎的质量密切相关。大量的研究表明，牛体外受精胚胎的细胞间联结数量明显少于体内胚胎（Prather 和 Fimt，1993），内细胞团细胞之间紧密程度低于体内胚胎（Iwasaki，1992），卵裂球的胞质中出现高度的囊泡化（Shamsuddin et al.，1992）。因此，人们普遍认为这是牛体外受精胚胎移植妊娠率低的主要原因。

七、胚胎保存

冷冻保存是胚胎移植的重要程序之一。胚胎冷冻时须在培养液中添加防冻保护剂甘油或二甲基亚砜（DMSO）。冷冻前依次经过含有低浓度到高浓度防冻剂的培养，其浓度从 0.25 摩尔/升，依次上升到 0.5、1.0 和 1.5 摩尔/升。缓慢地由室温降至－5～－7℃，进行诱发结冰。再按每分钟 0.3～0.5℃的速度降至－33～－38℃，投入液氮中保存。液氮温度为－196℃。

解冻时可在 20～25℃的温度条件下，将胚胎直接放入 35～37℃水浴中解冻，并依次脱去防冻剂，经 4 次换液或 6 次换液，最后一次在无解冻液的磷酸缓冲液中停留 10 分钟或冲洗后用于移植。

八、胚 胎 移 植

胚胎移植也叫胚胎植入，是整个胚胎移植技术中的关键环节之一。和采集胚胎一样，胚胎移植也有手术法和非手术法两种。

(一)手术法移植

本法主要用于羊、猪和实验动物。

1. 羊的手术法移植 用含 0.3%～0.5% BSA 的 DPBS 液或含 10%血清的 DPBS 液移植。受体羊肌注 2%的静松灵 0.3～0.5 毫升，将发情后 2～3 天从输卵管采集的胚胎从伞部移入输卵管，发情后 6～7 天从子宫采集的胚胎移入子宫角。手术方法与采卵手术相同。如果使用腹腔镜，可在腹壁开个小口，观察卵巢黄体，用肠钳将子宫角夹持取出，将胚胎移到排卵侧子宫角，可减少子宫、输卵管的粘连。

2. 猪的手术法移植 同羊手术法移植，只是移植胚胎数量比羊多。由于猪胚胎冷冻保存效果较差，目前一般都为鲜胚移植。

3. 小鼠的手术法移植 对 1～8 细胞期的胚胎，需进行输卵管移植。所用受体至少为 6 周龄，体重 20 克以上。取交配后 0.5～1 天的假孕受体。根据体重进行麻醉，在背部消毒并剪毛。在小鼠的背部近中线处，最后肋骨水平上，切开长约 1 厘米的纵向口。拉动皮肤开口，可见皮下的白色脂肪。用小剪子在脂肪上开一小口。用钝镊子夹住脂肪，从切口拉出，卵巢、输卵管、子宫等也相继被拉出。胚胎移植管的窄端应为 2～3 厘米长，直径 120～180 微米，以只能容纳一个胚胎直径为宜，末端磨光，以减少对输卵管的损伤。装入胚胎时先吸入石蜡油至细管肩部，紧接着吸入一个气泡。之后吸入培养液，再吸入第二个气泡，这时再吸入胚胎(6～7 枚)，尽可能少地带入培养液。再吸入第三个气泡，最后吸入一段培养液。移植时，在实体显微镜下，找到输卵管和壶腹部，调整小鼠位置及输卵管和卵巢位置。用两把小镊子在壶腹部膨大处撕开一小口,然后用小镊子轻轻夹住伞口附近边缘,把移植吸管插入壶腹开口处,吹动吸管,直到胚胎进入壶腹。将输卵管等复位,缝合。对于桑椹胚和囊胚,应进行子宫移植。选择交配后2.5天的假孕受体。暴露子宫角,用钝镊子轻轻夹住子宫角上端,用适当口径的针头在子宫角下半部处扎一个孔。注意不要触及血管,且要保证扎入子宫腔。仔细注视刚扎的小孔,沿该孔将移植管插入约5毫米,轻轻吹吸管,使胚胎进入子宫。然后使子宫复位。如果需要,也可在另一侧子宫角移植。

4.兔的手术法移植　兔的两侧子宫角也不相通,需分别移植。但不必两侧做切口,可经一侧切口沿子宫体引出另一侧子宫角。移植的基本过程与胚胎采集相似,可用羊的移植器械和方法。

(二)非手术法移植

1.牛的非手术法移植　Brand等(1976)通过子宫颈的方法进行牛的非手术移植,成功产出牛犊,使牛的非手术移植得到普遍应用。现在的做法是:将受体牛保定好,用2%的普鲁卡因或利多卡因3～5毫升进行尾椎硬膜外麻醉。把新鲜的冲胚液分在几个小培养皿中,按顺序洗涤胚胎以除去附着的黏液和血液等杂物。然后将胚胎装入细管,方法是首先在细管内吸入保存液使形成2～5厘米的液柱,接着使细管内形成0.5厘米的空气层,然后吸入含有胚胎的保存液,液柱为2.5厘米,再形成一层空气,再吸入少量保存液。在吸入时,细管可连接1毫升注射器,操作比较方便。吸入时要使用实体显微镜,吸入后还要隔细管壁检查,以确定胚胎是否已经吸入。把吸入胚胎的细管安装在精液注入器上,并套上灭菌的外鞘。用温水或肥皂水清洗受体外阴,以干布或卫生纸擦拭,然后再用消毒液洗涤,最后用70%的酒精棉球擦拭。用类似于直肠把握输精的方法把套上外鞘的移植器插入阴道内,并推进到子宫颈口,使移植器冲破外鞘的前端直接进入子宫颈内。育成牛子宫颈管细,移植器插入前可先用子宫颈扩张棒扩张。当移植器进入黄体一侧的子宫角时，在伸进直肠的手的协助下，使移植器前端达到子宫角大弯处，随即将胚胎推出。胚胎的移植操作要求动作轻、快、稳，最好在10分钟内完成。

2. 羊的非手术法移植　羊的非手术移植需要腹腔镜和配套的操作器械。受体羊术前饥饿12～24小时，在乳房前6厘米处的中线两侧各2厘米处分别做两个小切口，插入腹腔镜头和固定钳。在腹腔镜的监视下，进行黄体计数并用固定钳固定宫管结合部，再从乳房前6厘米处的中线上插入一套长7厘米、内口径7毫米的套管针，很快拔出针芯，伸入18号长针刺入子宫角。再将装在1毫升注射器上含有胚胎的细管(外径1.2毫米)通过子宫角上针头的穿孔插入2～3厘米，以保证细管尖端游离在子宫腔，再向后拉1厘米以防止尖端黏着于子宫内膜内，然后推动1毫升注射器送入胚胎。这种方法每次移植仅需5～8分钟，比手术移植快。

九、供体和受体的术后观察

胚胎移植手术后要注意供体、受体母畜的健康状况和发情表现。供体在下次发情时可照常配种，或经过2～3个月再重复作为供体。受体母畜如未发情，则应在适当时候做妊娠检查；如确已妊娠，则需要加强管理。

第十章　家畜的繁殖障碍

繁殖障碍是指雄性或雌性动物生殖机能紊乱和生殖器官畸形以及由此引起的生殖活动异常的现象，如公畜性无能、精液品质降低或无精，母畜乏情、不排卵、胚胎死亡、流产和难产等。一些繁殖障碍是可逆的，通过改善条件后可以恢复繁殖机能；一些繁殖障碍是不可逆的，动物一旦失去繁殖能力，就无法治愈或恢复。轻度繁殖障碍可使动物繁殖力降低，严重的繁殖障碍可引起不育或不孕。

第一节　引起繁殖障碍的原因

一、先天性疾病

雄性哺乳动物的隐睾症、睾丸发育不良、阴囊疝和雌性动物的生殖器官先天性畸形以及雄性和雌性动物的染色体嵌合等遗传疾病，均可引起雄性动物不育和雌性动物不孕。

二、饲养因素

饲养因素引起动物繁殖障碍主要表现在以下几方面。

(一)营养水平

营养水平与动物生殖密切相关，直接作用可引起性细胞发育受阻和胚胎死亡等，间接作用可导致动物的生殖内分泌功能异常，影响生殖功能。营养水平过低，导致动物生长发育不良，可使初情期延迟，雄性动物精液品质降低，雌性动物乏情或配种后胚胎发生早期死亡。此外，雌性动物营养不良时，胎衣不下、难产等产科疾病的发病率增高,泌乳力下降,仔畜成活率低。营养水平过高也可引起繁殖障碍,主要表现为性欲降低,交配困难。此外,雌性动物如果过肥,会使胚胎死亡率增高,护仔性减弱,仔畜成活率降低。

饲草和饲料中的维生素和矿物质元素等营养物质对动物生殖活动有直接作用。例如,维生素 A 和维生素 E 对于提高精液品质、降低胚胎死亡率有直接作用;矿物元素锌和硒等缺乏时,精子发生和胚胎发育等均受影响。

(二)饲料中的有毒有害物质

某些饲料本身存在对生殖有毒性作用的物质,如大部分豆科植物和部分葛科植物中存在植物雌激素,对雄性动物的性欲和精液品质都有不良影响,对雌性动物可引起卵泡囊肿、持续发情和流产等。棉籽饼中含有的棉酚对精子的毒性作用很强,并可引起精细管发育受阻而引起雄性不育;对雌性动物的胚胎发育也有影响,可使受胎率和胚胎成活率降低。

此外,饲料生产、加工和贮存不当产生的有毒、有害物质,均会影响精液品质和胚胎发育。

三、环境因素

高温和高湿环境不利于精子发生和卵子的形成及胚胎发育,对公、母畜的繁殖力均有影响。绵羊和马为季节性繁殖动物,在非繁殖季节公畜无性欲,母畜卵泡不发育,处于乏情状态,卵巢静止。猪对气候环境的敏感性虽不如绵羊和马明显,但也受影响。

四、管理因素

发情鉴定不准、配种不适时是引起家畜繁殖障碍的重要管理原因之一。某些动物如水牛的发情表现不明显,加上水牛喜好泡在水中,更不便于观察外阴变化情况,易引起水牛发情而未及时配种。在黄牛和奶牛人工授精中,大多数配种员都已熟练掌握输精技术，但真正掌握牛的卵泡发育规律并能根据直肠触摸卵巢方法准确进行发情鉴定的配种员数量不多，这是降低配种受胎率的原因之一。

在母畜妊娠期间如果管理不善，造成妊娠母畜跌倒、挤压、使役过度、长途运输、惊吓和饲喂冰冻的青贮饲料及饮冷水等，易导致流产。母畜分娩时，如果得不到及时护理，易发生难产和幼畜被压死、踩死或冻死等情况。采精或配种时，如果操作不当，易损伤公畜阴茎，造成阳痿等。

五、传染病因素

病原微生物感染是引起动物繁殖障碍的重要原因之一。母畜生殖道内可成为某些病原微生物生长繁殖的场所，被感染的动物有些可表现明显的临床症状，有些则为隐性感染而不出现外观变化，但可通过自然交配传染给公畜，或在阴道检查、人工授精过程中由于操作不规范而传播给其他母畜，有些人畜共患病还可传染给人。某些疾病还可通过胎盘传播给胎儿（垂直感染），引起胎儿死亡或传播给后代。此外，感染的孕畜流产时，病原微生物可随胎儿、胎水、胎膜及阴道分泌物排出体外，造成传播。公畜感染后病原微生物能寄生于包皮内或生殖器官成为带菌者。如果精液被污染，危害性更大。

第二节 公畜的繁殖障碍

一、遗传性繁殖障碍

（一）隐睾

隐睾病又称为睾丸停留或未下降睾丸。隐睾是异位睾丸的一种类型，指睾丸因下降过程受阻，单侧或双侧睾丸不能降入阴囊而滞留于腹腔或腹股沟管。隐睾症发病率以猪最高，可达 1%～2%，牛为 0.7%，犬为 0.05%～0.1%。隐睾睾丸因位于腹腔，在动物出生后的生长发育过程中睾丸发育受阻，不仅体积小，而且内分泌机能和生精机能均受到影响，甚至不产生精子。两侧隐睾的精液中，只有副性腺分泌液而无精子，单侧隐睾的精液中可见到精子，只是精子密度较低。因此，双侧隐睾者不育，单侧隐睾者可能具有生育力，但生育能力低下。

引起睾丸下降受阻的原因还不十分清楚，目前认为一是与睾丸大小、睾丸系膜引带、血管、输精管和腹股沟管的解剖异常有关；二是与睾丸下降时内分泌功能紊乱有关，促性腺激素和雄激素水平偏低可以造成睾丸附属性器官发育受阻、睾丸系膜萎缩而致隐睾。

症状：患畜阴囊小或缺失，单侧隐睾者阴囊内只能触及一个睾丸，位于阴囊内的睾丸大小、质地和功能均可能正常，且可能有生育力。单侧和双侧隐睾者在腹腔或腹股沟管内的睾丸由于较高的环境温度使其生精上皮变性，精子发生不能正常进行，睾丸小而软，但睾丸间质细胞仍具有一定的分泌功能，公畜性欲及性行为基本正常。

隐睾为隐性遗传病，从种用角度出发，任何形式的隐睾均无治疗的必要，应禁止使用单侧隐睾公畜进行繁殖。隐睾公畜摘除睾丸后可用于肥育。因此，在一个群体中一旦发现隐睾症就必须淘汰所有与之有亲缘关系的个体，可在一定程度上防止隐睾的发生。

(二)睾丸发育不全

睾丸发育不全指公畜一侧或双侧睾丸的全部或部分曲精细管生精上皮发育不完全或缺乏生精上皮，间质组织可能维持基本正常。大多数是由隐性基因引起的遗传疾病或是由于非遗传性的染色体组型异常所致，一般是多了一条或多条 X 染色体，额外的 X 染色体抑制双侧睾丸发育和精子生成，使公畜呈现克氏综合征症状。另外，生殖内分泌失调、饲养管理不当也可引起睾丸发育不良。

症状：发生本病的公畜在出生后生长发育正常，第二性征、性欲和交配能力也基本正常，但睾丸较小，质地软、缺乏弹性，精液水样，无精或少精，精子活力差，畸形精子百分率高，且多次检查结果比较恒定。有的病例精液品质接近正常，但受精率低。

本病具有很强的遗传性，患病公畜可考虑去势后用作肥育。即使病畜精液有一定的受胎率，但发生流产和死产的比例很高，因此病畜不应留作种用。

二、免疫性繁殖障碍

（一）抗精子抗体性不育

抗精子抗体是由机体产生的可与精子表面抗原特异性结合的抗体，它具有凝集精子、抑制精子通过宫颈黏液向宫腔内移动，从而降低繁殖能力的特性，是引起动物免疫性繁殖障碍的最常见原因。目前已知的精子抗原有100多种，其中每一种都可诱发抗体产生。抗体一旦形成，就与抗原结合，覆盖在它们认为是异物的物质上，引起这些物质簇集在一起，而使白细胞易于将这些异物消灭。抗体还可以与细胞表面结合而干扰其他一些重要功能。

抗精子抗体引起繁殖障碍的原因可能为：①引起精子凝集，进而降低精子的活力；②影响精子质膜上的颗粒运动，干扰精子获能；③影响顶体酶的释放，使精子不易穿入放射冠和透明带，阻止精卵结合；④阻碍精子黏附到卵子透明带上，影响受精；⑤抗体与精子结合后可活化补体和抗体依赖性细胞毒活性，加重局部炎症反应，损伤精子细胞膜，增强生殖道内巨噬细胞对精子的吞噬作用。

（二）抗透明带抗体性不育

透明带是包裹卵母细胞、排卵后的卵子及着床前受精卵的一层非细胞性胶样糖蛋白外壳，能防止异种或同种多精子受精。透明带具有良好的抗原性。在卵子生成过程中，卵母细胞合成和分泌的糖蛋白是透明带的主要成分，对精子的获能、精卵结合及受精卵的发育均具有重要作用，而且还可成为抗原而诱导机体产生抗体。

机体对透明带抗原产生免疫应答或受到免疫损伤与否，视免疫系统的平衡协调作用的状态而定。一般认为，淋巴辅助细胞和淋巴抑制细胞的功能受到抑制是产生自身免疫性疾病的主要原因。机体遭受与透明带有交叉抗原性的抗原入侵时，或由于病毒感染等因素使透明带抗原变性时，免疫系统即将透明带抗原视为异物而产生抗透明带免疫反应。每次排卵后，透明带抗原可被部分吸收，使透明带免疫的易感性增高。

抗透明带抗体降低生育力的原因可能在于：①封闭精子受体，干扰同种精子与透明带结合及穿透；②使透明带变硬，即使受精，也因透明带不能从受精卵表面自行脱落而影响受精卵着床。

三、机能性繁殖障碍

（一）阳痿

阴茎不能勃起，或虽能勃起但不能维持足够的硬度，难以完成交配，都称为阳痿。阳痿并不是一种独立的生殖器官疾病，而只是一种疾病的症状。阳痿又可分为中枢神经性及外周神经性，器质性和机能性，完全性和不完全性，永久性和暂时性，先天性和获得性，可治愈和不能治愈阳痿等数种。

阳痿是一种复杂的机能障碍，影响因素较多。机体患有疾病，如运动不足、精料过多而造成的肥胖症；长期高烧的急性和慢性疾病；新陈代谢严重失调及寄生虫病，如焦虫病、锥虫病等；中枢或周围神经性疾病或失调，如兴奋和抑制失调，脊髓麻痹或半麻痹等；生殖器官疾病，如生殖器官神经支配紊乱及血液循环紊乱等；饲料不足或饲料品质不良，不能满足种公畜的营养需要，以及不良的饮水等；管理不善，如温度过低或过高（35℃以上）时，公畜即不愿与母畜交配，这是因为寒冷和酷热抑制了生殖机能，而形成暂时阳痿；使役过重而导致生殖机能暂时紊乱和暂时性阳痿；配种过度（多次连续配种而不能休息）也会引起公畜疲惫而致阳痿。

阳痿的症状因病因不同而有差别。当脑神经严重失调时，患畜不表现任何性欲，阴茎不能勃起，因此不能交配。阳痿能否治愈取决于阳痿的性质、来源和期限，如果生殖器官或神经系统有严重器质性变化时，则预后不良；如因饲养管理和利用不当而引发的阳痿，改善其条件，则预后良好。

预防和治疗：加强饲养管理，增加优质饲料，尤其是蛋白质、维生素和矿物质饲料；停止配种与使役，让患畜充分休息；肌肉或皮下注射雄性激素，如丙酸睾丸酮、甲基睾丸素等；用温水热敷睾丸及阴茎，并每天按摩睾丸和阴茎各一次。

（二）性欲缺乏

性欲缺乏是指公畜在采精或配种时性欲缺乏或没有性欲，在与母牛接触时，性欲反应慢或根本没有反应，阴茎不能勃起，不引起性反射。正常发育的公畜到初情年龄仍无性欲表现的，称为原发性性欲缺乏。公畜原有正常性欲，以后性欲减退、消失，称为继发性性欲缺乏。

性欲是公畜的一种复杂本能，受年龄、遗传、环境和疾病等多种因素影响，不同品种间性欲可能有明显差异。原发性性欲缺乏见于睾丸发育不良、垂体和丘脑下部功能不全等，多为先天性或遗传性疾病。引起继发性性欲缺乏的原因主要有：粗暴的管理，使公畜在配种时发生疼痛的事故，如配种时公畜遭到蹴踢、鞭打或滑倒；采精技术不当，如突然改变采精环境，假阴道内胎粗糙、过热，采精过度；各种全身性慢性疾病，如慢性肾功能衰竭、慢性肝脏疾病、佝偻病、关节炎、蹄病、痉挛性麻痹以及吸收障碍、营养不良等；

生殖器官炎症或损伤引起疼痛；过量使用雌激素、巴比妥、利血平、安体舒通、吩噻嗪等类药物；等等。

许多继发性性欲缺乏是可以防治的，只要经过一段时间休息，加强饲养管理，改换配种环境，进行必要的调教和对各种疾病进行治疗，一般都可以使性欲在一定程度上得到恢复。对一些原因不明的性欲缺乏，也可试用激素类药物治疗。个别精液品质较好的公畜，可采用电刺激或直肠按摩采到精液。

（三）交配困难

交配困难主要表现在雄性动物爬跨、插入和射精等交配行为发生异常，造成配种失败或无法配种。

爬跨困难：老龄、关节脱位、骨折、四肢无力、脊柱疾病和关节炎等引起的行动困难，均能影响正常的爬跨，造成不能交配。

插入困难：阴茎先天性畸形、先天性短小、阴茎发育不全、阴茎系带短缩等可造成阴茎外伸困难。阴茎发育不全的青年公畜，阴茎短小，这些公畜一般有良好的性欲和拥抱反射，但阴茎勃起无力，不能进行交配。还有可能因四肢及荐区损伤，包皮和阴茎粘连引起阴茎不能伸出，不能进入阴道。

射精困难：神经功能失调、环境变更、管理不良、采精技术不当、假阴道的温度和压力不适合等因素都可能造成射精困难。

（四）精液品质不良

精液品质不良是指雄性动物射出的精液达不到使雌性动物受胎所要求标准，主要表现为射精量少，无精子、死精子、精子畸形、精子活力不强等。此外，精液中带有脓汁、血液、尿液等，也是精液品质不良的表现。

各种先天性和后天获得性生殖器官发育不全、损伤和炎症，均能引起精液的品质下降。常见的有：饲养管理不良，如饲喂量不足、饲料质量低劣、成分不全和运动不足等；繁殖技术不良，人工授精处理中采精消毒不严格，精液处理不当等；配种过度或长期不配种后的第一次配种；生殖器官及性腺疾病，还有一些发热疾病等。有些精液品质的不良还和遗传有关。

治疗的原则是消除病因。遗传性精子畸形无治疗价值，生殖器官损伤和炎症应对症治疗。临床上出现原因不明的精子异常时公畜应停止作种用，同时加强饲养管理，考虑使用雄激素和促性腺激素类药物。在治疗期间定期采精，进一步分析病因和检查治疗效果。

四、生殖器官疾病

（一）睾丸炎及附睾炎

睾丸炎及附睾炎通常由机械损伤或病原微生物感染所引起。就病程可分为急性和慢性两种。就性质可分为浆液性、纤维蛋白性和脓性三种。引起牛睾丸炎的细菌主要有流产布氏杆菌、化脓性球菌、结核病菌、牛放线菌；引起猪睾丸炎的病原菌主要为布氏杆菌。引起睾丸炎的病原微生物也可引起附睾炎。急性附睾炎通过影响阴囊的热调节功能而影响精液品质。慢性附睾炎虽对阴囊的热调节功能没有影响，但能引起睾丸炎。

急性发炎时，同侧后肢外展，运步小心，阴囊体积增大，局部温度升高。触诊时感觉睾丸增大、变硬、有疼痛，精索也同时发炎变粗，而且敏感。此外，患畜精神抑郁，食欲减退，性欲消失（当局部发炎时，性欲可能无变化或增强），工作效率降低。当化脓时，上述症状更加明显。脓肿局部可能破溃或包以痂膜，或自鞘膜进入腹腔。慢性炎症时，睾丸结缔组织增生、坚硬，睾丸体积增大可能不明显。

患慢性睾丸炎时，精子的生成作用受到严重破坏，甚至完全停止，不宜作种用。在急性炎症治愈前不能让种畜配种。

若为外伤性炎症，可按一般外伤疗法处理；若为传染病或寄生虫病引起的炎症，要首先治疗原发病。对某些难以治愈的传染病，要淘汰种公畜。

急性病例，安静休息，早期冷敷、后期热敷，以加强睾丸局部血液循环，促进炎性渗出消散。全身采用抗生素疗法。炎症损伤生精上皮，经治疗临床康复后，生精机能不一定完全恢复。至于慢性睾丸炎和附睾炎，目前尚无有效疗法，并且慢性病例，由于组织变性，机能难以恢复，失去种用价值。

（二）外生殖道炎症

外生殖道炎症包括阴囊炎、阴囊积水、前列腺炎、精囊腺炎、尿道球腺炎和包皮炎等。阴囊炎可由机械损伤引起，也可因感染微生物引起，严重可继发阴囊积水、附睾炎和睾丸炎而导致不育。阴囊积水多发生于年龄较大的公马和公驴，外观上可见阴囊肿大、紧张、发亮，但无炎性症状，触诊时可明显地感到有液体波动，时间长久往往伴有睾丸萎缩、精液品质下降。前列腺炎多发生于犬，易引起排尿困难、会阴疝痛等症状。精囊腺炎多为尿道炎继发，较常见于公马和公牛。急性的可出现全身性症状，如走动时步履谨慎，排粪时疼痛并频繁做排尿姿势，直肠检查时可发现精囊腺显著增大，有波动感；慢性的则腺壁变厚，炎性分泌物在射精时混入精液内，使精液的颜色呈现混浊黄色，或含有脓液，并常有臭味，精子全部死亡。包皮炎可发生于各种动物。马常常由于包皮垢引起，猪则由于包皮憩室的分泌物所引起，牛和羊多由于包皮腔中的分泌物腐败分解造成。其临床表现为包皮及阴茎的游离端水肿、疼痛、溃疡，甚至坏死。包皮炎虽然对精液品质无影响，但严重影响交配行为及采精。

第三节　母畜的繁殖障碍

雌性动物繁殖障碍包括发情、排卵、受精、妊娠、分娩和哺乳等生殖活动的失败，以及在这些生殖活动过程中由于管理失误所造成的繁殖机能丧失，是降低雌性动物繁殖率的主要原因之一。引起雌性动物繁殖障碍的因素主要有以下几个方面：

一、遗传性繁殖障碍

(一)两性畸形

两性畸形是动物在性分化发育过程中某一环节发生紊乱而造成的性别区分不明，患畜的性别介于雌雄两性之间，既具有雌性特征，又有雄性特征。两性畸形根据表现形式可分为性染色体两性畸形(非正常 XX 或 XY)、性腺两性畸形及表型两性畸形三类。

1. 性染色体两性畸形

(1)XXY 综合征　患畜的表型为雄性，有正常的雄性生殖器官及性行为，但睾丸发育不全，组织学检查见不到精子生成过程。睾丸及附睾虽然仍位于阴囊中，但均很小，射出物中不含精子。患畜由于具有 Y 染色体，因而性腺为睾丸，并能产生睾酮；虽然雄性生殖器官发育正常，但由于 X 染色体不是一条，因而不能正常产生精子。此病的发生是由雄性配子的性染色体在减数分裂时或在早期合子分裂时未能分离所致。

(2)XXX 综合征　患畜的表型为雌性，但常有卵巢发育不全，此病为性染色体在分裂时未能分离所致。

(3)XO 综合征　患畜的表型为雌性，但卵巢发育不全。

(4)真两性畸形嵌合体　真两性畸形动物同时具有卵巢及睾丸两种组织，一个或两个性腺成为卵睾体或一个为卵巢另一个为睾丸或上述两种组织的各种组合。此种畸形动物在出生时通常被认为是雌性，其外生殖器官和生殖道与雌性动物无异，但在达到性成熟时体格一般要比正常的雌性大，头似雄性，颈部被毛竖起，乳头细小，阴蒂呈杆状并且较短。至初情期时阴蒂变大，并伴有尿道下裂，患畜不育。这种畸形动物的行为各个体之间差异较大，出生时比较温驯，性成熟以后则似雄性，喜欢攻击斗殴，有的可能对雌性表现雄性的性行为。

2. 性腺两性畸形 性腺两性畸形个体的染色体性别与性腺性别不一致，因此这种个体又称为性逆转动物。

(1)XX 真两性畸形 此种动物的性染色体核型为 XX，通常具有雌性外生殖器，但阴蒂很大，性腺位于腹腔，且多为卵睾体，有时也可能发现独立的卵巢和睾丸组织。该病在牛中有报道，病牛的性腺及生殖道的发育情况与真两性畸形嵌合体相似。

(2)XX 雄性综合征 这种两性畸形动物的表型为雄性，但染色体为 XX，H-Y 抗原为阳性，性腺常为隐睾且无精子生成，曲精细管仅衬有一层支持细胞，间质细胞可能变化不大。有阴茎但常为畸形，存在有由缪勒氏管发育的器官，在子宫肌层可发现输出管组织。此种畸形在牛(60，XX)有报道，但以奶山羊和猪较为多见，有可靠的家族遗传证据。此种两性畸形的发病机理目前尚不明了，推测可能是由于决定 H-Y 的基因向 X 染色体或常染色体易位所致。

3. 表型两性畸形 表型两性畸形家畜的染色体性别与性腺性别相符，但与外生殖器不符。这种畸形病畜根据其性腺是睾丸还是卵巢可分为雄性假两性畸形和雌性假两性畸形两类。

此病通过直肠检查可以作出初步诊断，但必须进行染色体及雄激素受体分析才能确诊。病畜的雌性亲属(包括母亲及姐妹)均为致病基因的携带者，因此不能留作繁殖之用，其雄性亲属如表型正常则不会携带致病基因。

(二)幼稚病

幼稚病是母畜达到配种年龄时，生殖器官发育不全或者没有繁殖能力。幼稚病主要是由于丘脑下部或者垂体的功能不全，或者甲状腺及其他内分泌腺机能紊乱所引起。幼稚病的主要症状是母畜达到配种年龄时不发情，有时虽然发情，但却屡配不孕。临床检查可发现生殖器官的某些部分发育不全，例如子宫角特别细小，卵巢小到像豌豆一样大小等。有时阴道和阴门特别细小,以致无法交配。预后应当谨慎,因为多数病例即使应用各种方法进行治疗,其生殖器官仍然不能发育完全。治疗主要在于刺激生殖器官发育。为此可将患有幼稚病的母畜和公畜一同放牧;也可使用HCG、PMSG激素制剂,促使生殖器官发育。如果能够交配并能受精,则妊娠可促进生殖器官生长发育。

(三)异性孪生母犊不育

异性孪生母犊不育是指雌雄两性胎儿同胎妊娠,母犊的生殖器官发育异常,丧失生育能力,其主要特点是:具有雌雄两性的内生殖器官,有不同程度向雄性转化的卵睾体,外生殖器官基本为正常雌性。

异性孪生母犊中约有95%患不育症,主要表现为不发情,阴门狭小,阴蒂较长,阴道短小,子宫角犹如细绳,卵巢极小。乳房极不发达,乳头常无管腔。

异性孪生公犊的生育力一般都正常,但其血液中XX核型的淋巴细胞可占到5%～95%,这种公犊的精液质量不佳。对异性孪生母犊,出生之后就应详细检查生殖器官,决定是否留作繁殖之用。达到性成熟年龄者,则应注意是否发情和有无雄性化征象。

(四)卵巢发育不全

卵巢发育不全是一侧或两侧的部分或全部卵巢组织中无原始卵泡所导致的一种遗传性疾病,为常染色体单隐性基因不完全透入所引起。根据病情的严重程度及是单侧性或是双侧性,患病动物可能生育力低下或者不能生育。一侧卵巢发育不全的母畜,生殖道可能正常;双侧性的患畜,生殖道细小,呈幼稚状态,且不出现发情;由于缺乏雌激素的刺激,所以缺少第二性征。两侧卵巢发育不全的母畜丧失生育能力,一侧性或部分卵巢发育不全的患畜通过繁殖可以扩散此病,因此,一旦发现均应及时淘汰。此病无有效的治疗方法。

(五)生殖道畸形

生殖道畸形有先天性和遗传性生殖道畸形，患病母畜病情严重的在第一次配种后可能就被发现，而病情较轻的只有在以后才能检查出来。常见母畜的生殖道畸形主要有：缪勒氏管发育不全、子宫内膜腺体先天性缺失、子宫颈发育异常、双子宫颈、子宫粘连、阴道畸形、吴尔夫氏管异常及膣肛等。出现生殖道畸形的母畜往往由于没有生殖能力或生殖能力低下不能留作种用。

二、免疫性繁殖障碍

雌性动物因免疫性因素引起的繁殖障碍主要表现为受精障碍、胚胎早期死亡和胎儿死亡及新生儿死亡，引起动物屡配不孕、流产或幼畜成活率低。

(一)受精障碍

精子具有免疫原性，可以刺激异体产生抗精子抗体。雌性动物接受多次输精后，如果生殖道损伤或感染，精子抗原可刺激机体产生精子抗体，抗体与外来精子结合而阻碍精子与卵子结合，引起屡配不孕。

雌性动物对精子抗原既有体液免疫反应，又有细胞免疫反应。在雌性生殖道中，特别是子宫具有巨噬细胞和其他免疫细胞，可吞噬精子。此外，子宫颈腺体细胞也具有吞噬精子的作用。此外，生殖道如果发生炎症，抗体的产生较正常时可快1～2倍。由于生殖道内严重的炎症可造成形态和机能障碍，从而导致强烈的吞噬作用，使抗精子抗体提前产生，引起精子很快被破坏。防治因母体产生精子抗体而引起屡配不孕最有效的办法，是让母畜停止配种1～2个情期，让母体内精子抗体效价降低或消失后在配种。

(二)胎儿和新生儿溶血

红细胞和其他有核细胞一样，具有特征性表面抗原，即血型抗原。一个动物的红细胞进入另一个动物体内时，如果供体红细胞所带血型抗原与受体血型抗原相同，就不会产生免疫应答反应。相反，如果供体红细胞带有受体没有的抗原，则由于天然同族抗体的存在，将迅速产生免疫，引起红细胞凝集或溶血而危及生命。

在家畜中，这种免疫性溶血主要发生于骡驹，有时也发生于马驹，在仔猪和牛犊中偶尔也发生。从血型抗原来说，母马妊娠后受到骡胎儿的一种具有父系遗传特征的抗原物质刺激，产生一种能够抗骡驹红细胞的抗体。这种抗体出现在妊娠末期母体血液中，由于抗体不能通过母马胎盘，所以，妊娠期不对胎儿产生毒害作用，当出生后，血中抗红细胞抗体进入初乳，骡驹吮食经胃肠壁进入血液，引起红细胞凝集和溶解。

目前尚无有效的治疗方法，唯一解决的办法是更换与配公畜，或同时使用多头公畜的精液进行配种。

(三)胚胎早期死亡

胎儿中的一半遗传物质对于母体来说是“异体蛋白”，均有可能刺激机体产生抗胎儿的抗体而对胎儿产生排斥反应。但在正常情况下，母体和胚胎均可以产生某些物质，如输卵管蛋白、子宫滋养层蛋白、甲胎蛋白、早孕因子等，可对胎儿和母体产生免疫耐受反应，从而维持胎儿不被排斥。相反，如果这些产生免疫耐受效应的物质分泌失常，则有可能引起胚胎早期死亡。母体淋巴细胞对胎儿组织抗原发生过敏反应，也可以引起胚胎死亡。例如，母体淋巴细胞由于某些原因进入妊娠早期已初具免疫力的胎儿体内，一旦获得增殖而不被胎儿排斥，这些淋巴细胞将胎儿视为异物，产生免疫反应而妨碍胎儿的正常生长发育。

三、卵巢疾病

(一)卵巢囊肿

卵巢囊肿是母畜发情异常和不孕的重要病因。卵巢囊肿分为卵泡囊肿和黄体囊肿。卵泡囊肿壁较薄，呈单个或多个存在于一侧或两侧卵巢上。黄体囊肿一般多为单个，存在于一侧卵巢上，壁较厚。这两种结构均为卵泡未能排卵所引起，前者是卵泡上皮变性，卵泡壁结缔组织增生变厚，卵细胞死亡，卵泡液未被吸收或者增多而形成的，后者是由于未排卵的卵泡壁上皮黄体化而引起。

引起卵巢囊肿的原因很多，主要有：泌乳因素，奶牛多发，尤其是舍饲的高产奶牛，在泌乳高峰期间；遗传因素，某些品种牛发病率高，如黑白花奶牛；营养因素，长期营养缺乏，卵巢上出现多个小卵泡囊肿，同时伴发子宫壁黏膜层高度浮肿；另外，冬季饲料中缺乏维生素 A 或含有多种雌激素，围产期应激和疾病（双胎分娩、胎衣不下、子宫炎和产后瘫痪等），内分泌活动与本病有密切关系。

牛卵巢囊肿一般发生于产后 60 天以内，15～40 天为多。外部表现基本上有两类：长期发情和乏情。直肠检查，卵巢增大，囊肿部分呈圆形突出于卵巢表面，触之光滑，没有排卵突起或痕迹。羊发生卵巢囊肿时，外部表现也可分为慕雄狂和乏情两类。慕雄狂母羊，一般经常表现无规律的、长时间或连续性的发情症状，表现不安；乏情的羊则表现为长时间不出现发情征象，有时可长达数月。

临床多采用激素疗法，常用药物有绒毛膜促性腺激素、促黄体素、LRH-A_2、孕酮、前列腺素等。以上用药的同时应配合子宫净化处理，必要时还须调整日粮结构，如饲料中补充维生素 A。

（二）持久黄体

妊娠黄体或周期黄体超过正常时间而不消失，称为持久黄体。此病常见于母牛。

舍饲时，运动不足，饲料单纯、缺乏矿物质及维生素等均可引起持久黄体。产乳量高的母牛在冬季易发生持久黄体。此外，此病常和子宫炎症引起前列腺素分泌减少等有关。子宫积水、积脓，子宫内有异物、干尸化等，都会使黄体得不到消退而成为持久黄体。

临床表现:性周期停止,阴门收缩呈三角形,有皱纹。阴道内壁黏膜苍白,干涩。母牛神态安静。直肠检查卵巢质地硬,有肉质感,有凸出表面的蘑菇状黄体或姜形黄体,也有的如火山口样。子宫角不对称,松软下垂,收缩无力。

前列腺素及其合成类似物对治疗持久黄体有显著的疗效,应用后大多数患畜在3～5天内发情,配种能受胎。常用药物主要有前列腺素、孕马血清、FSH、GnRH等。

四、生殖道疾病

(一)子宫内膜炎

子宫内膜炎是指子宫黏膜发炎,此病发生于各种家畜,奶牛最为常见。家畜的子宫内膜炎多继发于分娩异常,如流产、胎衣不下、早产、产双胎、难产,以及其他子宫疾病如子宫积水、子宫蓄脓和子宫颈、阴道及阴门的损伤等。交配后有时可引起慢性子宫内膜炎,公畜患有滴虫病、弧菌病、布氏杆菌病等疾病时,通过交配可将病原传给母畜而引起发病。公畜的包皮中常常含有各种微生物,也可能通过采精及自然交配而将病原传播给母畜。

子宫内膜炎可分为急性型、慢性型和隐性型。急性型,病情较急,有全身反应,体温升高,食欲减退,精神不振。从阴户中流出黏液性或黏液脓性或夹杂血丝性分泌物,有腥臭。子宫肥厚,收缩微弱,常并发败血症,造成淘汰或死亡。慢性型,病程较长,虽没有全身反应,但阴户中流出脓性或黏液性分泌物,发情周期不正常,触摸子宫肥厚,收缩微弱,子宫颈比正常粗。隐性型,子宫不发生形态学变化,发情周期正常,但屡配不孕。发情时从子宫排出分泌物较多,略混浊。

临床治疗:肌肉注射乙烯雌酚,促使子宫颈开张,排出炎性分泌物。选择使用0.1%雷佛奴尔、0.1%高锰酸钾、1%明矾冲洗子宫,冲洗液排净后,注入抗生素,如青霉素、链霉素、四环素,或注入市售的露它净或宫得康、宫炎灵、宫炎净等。也可直接用缩宫素或垂体后叶素皮下注射，促使子宫收缩，排出炎性分泌物后，注入抗生素。对隐性子宫内膜炎在配种前 8 小时或配种后 2～24 小时内，用青霉素 160 万单位、链霉素 2 克混溶于 50 毫升蒸馏水中，注入子宫。

(二)阴道炎

阴道炎可为原发性的或继发性的，继发性阴道炎多数是由子宫炎及子宫颈炎引起的。此外，阴道损伤，交配引入细菌、病毒、寄生虫等也可诱发阴道炎；流产、难产、施行截胎术、胎衣不下、阴道脱出、产后子宫炎、阴门严重损伤等均可成为发生阴道炎的原因。粪便、尿液等污染阴道也可诱发阴道炎。用刺激性太强的消毒液冲洗阴道，使用的器械消毒不严格，施行阴道检查时不注意消毒均可诱发阴道炎。阴道感染以后，由于子宫及子宫颈将阴道向前向下拉，病原很难被排出去。引起阴道炎的大多数病原菌为非特异性的，如链球菌、葡萄球菌、大肠杆菌、化脓棒状杆菌及支原体等，有些则是特异性的，如牛传染性鼻气管炎病毒、滴虫、弯杆菌等。

患阴道炎时，往往从阴门中流出灰黄色的黏脓性分泌物，阴道检查时，在阴道底壁可见到有分泌物沉积，阴道壁充血肿胀发炎。在比较严重的病例，阴道壁充血肿胀更加剧烈，有时黏膜甚至发生溃疡坏死，在前庭阴道的交界处更为明显。病情十分严重时，动物出现全身症状。阴道炎的发生常与子宫颈炎及子宫内膜炎有关，因而此病对生育力有显著影响，仍然值得重视。根据炎症的性质，阴道炎可分为慢性卡他性、慢性化脓性和蜂窝织炎性三类。慢性卡他性阴道炎的症状不明显，阴道黏膜颜色稍显苍白，有时红白不均，黏膜表面常有皱纹或者大的皱襞，通常带有渗出物。慢性化脓性阴道炎，阴道中积存有脓性渗出物，卧下时可向外流出，尾部有薄的脓痂；阴道检查时动物有痛苦的表现，阴道黏膜肿胀，且有程度不等的糜烂或溃疡。有时由于组织增生而使阴道狭窄，狭窄部之前的阴道腔积有脓性分泌物。病畜精神不佳，食欲减退，乳量下降。蜂窝织炎性阴道炎患畜的阴道黏膜肿胀、充血，触诊有疼痛表现，黏膜下结缔组织内有弥散性脓性浸润，有时形成脓肿，其中混有坏死的组织块；亦可见到溃疡，溃疡日久可形成瘢痕，有时发生粘连，引起阴道狭窄。病畜往往有全身症状，排粪、尿时有疼痛表现。

治疗阴道炎时，可用消毒收敛药液冲洗。常用的药物有：0.02%稀盐酸、0.05%～0.1%高锰酸钾、1∶100～1∶3 000 吖啶黄溶液、0.05%新洁尔灭、1%～2%明矾、5%～10%鞣酸、1%～2%硫酸铜或硫酸锌。冲洗之后可在阴道中放入浸有抗生素的棉塞。冲洗阴道可以重复进行，每天或者每2～3天进行一次。阴道炎伴发子宫颈炎或者子宫内膜炎的，应同时加以治疗。

五、产科疾病

(一)流产

雌性动物在妊娠期满之前排出胚胎或胎儿的病理现象，称为流产。流产表现形式有早产和死产两种。早产是指产出不到妊娠期满的胎儿，虽然胎儿出生时存活，但因发育不完全，生活力降低，死亡率增高。死产是指在流产时胚胎或胎儿已经死亡，一般发生在妊娠的中期或后期。妊娠早期发生的流产，由于胚胎死亡，组织液化，被母体吸收或在母畜发情时随尿液排出而不易被发现，所以称为隐性流产，其发生率很高，猪、马、牛、羊均有发生。

引起流产的原因很多，生殖内分泌机能紊乱和感染某些病原微生物，是引起早期流产的主要原因；管理不善，如过度拥挤、跌倒、摔伤等，是引起后期流产的主要原因。

流产大多数有先兆，临床上出现腹痛，起卧不安，呼吸脉搏加快，阴户肿胀、充血、松弛、流出黏液，夹杂血丝，有时奶量增加等症状。因炎症流产或死胎停留较长时间，从子宫排出胎儿呈水肿或气肿样，颜色暗淡，无光泽，坏死腐败，有臭味。管理不善引起的流产胎儿多新鲜，有光泽，有时排出活胎儿。

处理措施：使已发生流产的母畜尽快恢复正常的生殖机能。向子宫内投入抗生素（庆大霉素、青霉素）或用 0.1％高锰酸钾、0.1％新洁尔灭液反复冲洗子宫。出现流产先兆时，若子宫颈没开放，子宫栓塞还存在时可以保胎，制止子宫阵缩和母牛努责，静脉注射黄体酮和镇静剂。如果子宫颈口已开张，尽快将胎儿排出或拉出，并向子宫内放入抗生素，防止炎症发生。

（二）难产

难产是指动物分娩超过正常持续时间的现象。根据难产引起的原因，可将难产分为产力性、产道性和胎儿性三种。前两种是由母体原因引起，后一种是由胎儿原因引起。一般以胎儿性难产发生率较高（约占难产总数的 85％）；因母体原因引起的难产较少（约占难产总数的 15％）。

难产的治疗关键在于助产，必要时辅以药物催产。在猪，可用手或产科器械将胎儿拉出，当拉出几个后，手或器械达不到后部胎儿时，宜等待 20 分钟左右，待胎儿移至子宫角部再拉，如此反复，直至将胎儿掏完。有时只要取出阻碍胎儿，其余胎儿会自动产出。

大家畜一般不用药物催产，而行牵引术。对猪、羊可以使用子宫收缩药物，但使用前应确知子宫颈已充分开张，胎儿的方向、位置、姿势正常，骨盆无狭窄。通常使用催产素（缩宫素），肌肉、皮下注射均可，剂量为：猪 10～20 单位，羊 10 单位。

（三）胎衣不下

母畜分娩后在正常时间内不能排出胎衣，称为胎衣不下。各种动物排出胎衣的时间不同，如果马 1.5 小时、猪 1 小时、羊 4 小时、牛 12 小时不能排出胎衣就是胎衣不下。

胎衣不下的主要原因是日粮中缺乏优质青粗饲料、维生素和矿物质，特别是钙磷比例失调。其次，缺少运动和光照也是不可忽视的原因。另外，因患有生殖道疾病、难产死胎也易发生胎衣滞留。一般夏季发病率比冬季高。早产、流产母畜多发胎衣不下，临诊上可分为全部胎衣不下和部分胎衣不下。

全部胎衣不下，通常从阴门垂下部分带状胎衣，多为尿膜、羊膜及脐带，表面光滑呈淡红色，且常被粪土污染。也有的胎衣全部滞留于子宫或阴道，如不及时治疗，胎衣很快腐败，甚至引起败血症，导致母畜死亡。部分胎衣不下，残存于母体胎盘上的胎儿胎盘仍存留在子宫内，经 2～3 天，腐败的胎衣即同恶露一同排出，也常可伴发子宫内膜炎。全部或部分胎衣不下时，病畜常有弓背、不安、举尾或努责；减食或停食；阴门排出恶臭腐败的液体或腐败组织；或有体温升高，脉搏增数等全身性反应。

治疗时，可采用药物治疗。肌肉或皮下注射催产素，促进子宫收缩，加速胎衣排出。牛用 40～80 单位，猪、羊 5～10 单位，间隔 2 小时注射一次，共 2 次，最好产后 8～12 小时注射。

为消除子宫炎症，可向子宫内投入 10%～15%高渗氯化钠，或含有土霉素或新霉素的水溶液，或“宫复康”(复方缩宫素乳剂)。应根据具体情况每 1～2 天投药一次，直至子宫净化。

大家畜可手术剥离，剥离的时间一般以产后 24～48 小时为宜，夏季应适当提前。母畜取站立保定。剥离胎衣前，应严格清洗及消毒母畜后躯。术者戴上长臂乳胶手套，经严格消毒后即可进行。术者右手进入产道后，按先孕角、后非孕角顺序剥离。剥离胎衣时，用中指与无名指夹住胎盘根部，用拇指与食指从母体胎盘根部开始逐渐剥离胎儿胎盘。在剥离过程中，左手应配合适当用力向外牵引胎盘，这样更易于手指在子宫内剥离胎盘。最后向子宫内灌注上述推荐的药物，一般灌注 2～3 次可愈。

六、常见传染病引起的繁殖障碍

(一)布氏杆菌病

布氏杆菌病是由布氏杆菌引起的人畜共患的传染性疾病。患畜和带菌者是本病的主要传染源,通过消化道、生殖道和皮肤、黏膜等途径能够感染。该病在世界各地均有发生,造成家畜生殖器官炎症、不孕、不育、流产,给畜牧生产造成了巨大的经济损失。

1. 临床症状

牛:多感染5个月后发生流产,流产后常出现胎衣不下,并发子宫内膜炎,甚至子宫积脓而成为不孕症。通常只发生一次流产,然而,同一头牛也可能发生第二次或第三次流产。公牛发生睾丸炎和附睾炎,睾丸肿大,触之疼痛。

绵羊:病羊平时没有症状,只是怀孕之后容易流产。所感染的羊群常发生大量流产,流产率可高达30%～40%,其中有7%～15%的死胎。病羊在流产前2～3天(少数在6～8天)表现精神不振,喜卧,食欲消失,饮水增多,常由阴门排出黏液或带血的黏性分泌物,此时可能伴有体温升高。在流产以后,常并发子宫内膜炎、关节炎及滑膜炎(主要为腕关节及跗关节)、结膜炎、角膜炎及乳房炎等等。有的病例表现体温升高和神经症状(如后肢瘫痪)。所有这些症状一般都发生在流产后的1.5个月之内。由于流产而引起的不孕占10%～20%。公羊患病后可能发生睾丸炎或附睾炎。

山羊:山羊对布氏杆菌病的敏感性很高,发生感染,于怀孕后的3～4个月常发生流产,但青年羊感染后常不表现症状。成年母羊,如新感染的山羊群,流产率可以达到50%～90%。流产以后通常并发子宫炎、角膜炎及跛行等。但慢性患羊没有可见的症状,很少有流产现象,或者完全不表现流产。母山羊常发生气管炎。

猪:感染猪大部分呈隐性经过,少数猪呈现典型症状。最明显的症状是流产。流产前,病猪乳头和阴唇肿胀,阴道流出黏液性或脓性分泌物,体温升高,食欲减退。流产可发生于任何孕期,多发生在妊娠第4～12周,重复流产较为少见。由于猪的各个胎儿的胎衣互不相连,胎衣和胎儿受侵害的程度及时期并不相同,因此,流产胎儿可能只有一部分死亡,而且死亡时间也不同,在怀孕后期(接近预产期)流产时,所产的仔猪可能有完全健康者,也有虚弱者和不同时期死亡者,极少出现木乃伊胎。少数猪出现胎衣滞留,引起子宫炎和不育。母猪很少发生死亡。公猪感染本病常发生睾丸炎,呈一侧性或两侧性睾丸肿胀、硬固,有热痛,病程延长,后期睾丸萎缩,失去配种能力。公猪附睾和阴囊也有肿胀,有的猪还出现关节炎而引起跛行,不愿配种。

布氏杆菌病的实验室检查方法很多,最简单实用的方法是布氏杆菌病虎红平板凝集试验。采取被检血液,待凝固后,分离血清作为被检材料。准备0.2毫升吸管和洁净的玻璃板以及虎红平板凝集试验抗原。先用蜡笔在玻板上划成4厘米^{2}的方格,在每一方格的血清样品旁加0.03毫升被检血清,摇动抗原瓶使抗原均匀悬浮,用0.2毫升吸管吸取抗原,在每一方格的血清样品旁加入0.03毫升抗原,用牙签搅拌血清和抗原,使其均匀混合,4分钟内判定结果,出现凝集现象者判为阳性反应,否则判为阴性。

2.预防原则　在未感染的畜群,应坚持自繁自养,如需引进种畜,一定要经严格检疫。血清阴性者经2个月隔离饲养后,再经检疫确认血清学阴性者,才能混群饲养,以后定期检疫,血清学阳性种畜坚决淘汰。流产胎儿、胎衣、羊水及阴道分泌物应深埋或生物热发酵处理,被污染的场所及用具用3%～5%来苏儿消毒以防止本病传播。

3.免疫接种　在发病或受威胁地区,用布氏杆菌猪型2号弱毒冻干苗进行免疫预防,猪、牛、羊均可饮服或注射免疫。饮服:猪200亿～400亿菌/头;羊50亿～100亿菌/只;牛250亿～500亿菌/头。注射:减半。羊免疫期2年,猪、牛免疫期1年。混水饮服时要用凉开水，并在服苗 3 天内不得喂含有抗生素的饲粮。

本病一般无治疗价值，发现病畜立即淘汰。对有利用价值的家畜，可用庆大霉素、四环素、金霉素、磺胺类药物或其他抗革兰氏阴性菌的抗生素试治，治愈的标准是血清凝集价降至正常。

(二)李氏杆菌病

李氏杆菌病是由单核细胞增多性李氏杆菌引起的一种散发性人畜共患传染病。家畜和人以脑膜脑炎、败血症、流产为特征；啮齿类动物以坏死性肝炎、心肌炎及单核细胞增多症为特征。

传染源为患病动物和带菌动物。患病动物的粪、尿、乳汁、精液以及眼、鼻、生殖道的分泌物都可分离到病菌。本病经消化道、呼吸道、眼结膜及皮肤损伤等途径感染。饲料和饮水是主要的传染媒介。动物感染谱非常广泛，已查明有 42 种哺乳动物和 22 种鸟类易感。家畜中以绵羊、猪、家兔发病多，牛、山羊次之，马、犬、猫很少发生；野禽、野兽和啮齿动物也易感，尤以鼠类易感性最高，是本菌的自然贮存宿主。本病多为散发性，有时呈地方流行，发病率低，但致死率高。一年四季都可发生，以冬春季节多见，夏秋季节只有个别病例。

1. 临床症状　潜伏期一般为 2～3 周，短的仅数天，也有的长达 2 个月。临床以发热，神经症状，孕畜流产，幼龄动物、啮齿动物呈败血症为特征。但不同种动物临床表现不一样。

反刍动物：病初发热，羊体温升高 1～2℃，牛表现轻热。舌麻痹，采食、咀嚼、吞咽困难。头颈呈一侧性麻痹，弯向对侧，常沿头的方向旋转或做圆圈运动，遇障碍物以头抵靠而不动。角弓反张，昏迷，卧于一侧，直至死亡。妊娠母牛(羊)流产，羔牛常发生急性败血症而很快死亡。水牛感染病死率比其他牛高。

猪：表现运动失调，无目的行走或后退，或做圆圈运动，或头抵地不动，或头颈后仰，前、后肢张开呈观星姿势。肌肉震颤、僵硬，阵发性痉挛，侧卧时四肢做游泳状。有的后肢麻痹，拖地而行。仔猪以败血症为主,表现体温升高、咳嗽、呼吸困难、腹泻、耳部及腹部皮肤发绀,有的有神经症状,发病率较高。妊娠母猪常发生流产。

兔:表现神志不清,口吐白沫。呈间歇性神经症状,发作时无目的地向前冲撞或转圈运动,最后倒地,头后仰,抽搐而死。其他啮齿类动物常表现败血症症状。

2. 诊断方法　病原检查,直接抹片镜检、分离培养鉴定(接种于葡萄糖琼脂平板或亚碲酸钠胰蛋白胨琼脂平板,典型菌落为中央黑色而周围呈绿色)、动物试验(取病料悬液,进行腹腔、颅腔、静脉注射或滴眼,观察败血症、结膜炎、流产等症状,并取病料进行分离培养鉴定。实验动物有家兔、小鼠、幼豚鼠或幼鸽);血清学检查,凝集反应(用李氏杆菌Ⅰ、Ⅱ、Ⅲ三种O抗原作凝集反应,结合病原检查,可以检出畜群中隐性或潜伏感染动物)。

3. 防治措施　目前尚无满意的特异性预防方法,平时做好传染病的防疫工作,注意灭鼠和消灭吸血昆虫。有试验用李氏杆菌死菌苗或致弱菌苗做预防接种,但无肯定效果。早期应用广谱抗生素较为有效。

(三)牛传染性鼻气管炎

牛传染性鼻气管炎是由牛传染性鼻气管炎病毒引起的一种急性呼吸道传染病。可分为五种类型:呼吸道型、生殖道型、结膜炎型、流产型和脑炎型。

1. 临床症状　生殖道型主要表现为传染性脓疱阴道炎,又称交合疹。典型病牛外阴水肿,外阴部周围有血样渗出物附着,阴道黏膜发红,形成脓疱,大量小疱使阴道前庭及阴道壁呈现一种颗粒状外观。一般情况下不发生流产,病程一般2～3周。

妊娠牛发生传染性鼻气管炎,可以导致流产,暴发疫情时病毒毒力较强,能使25%以上的妊娠母牛流产。大多数发生于妊娠的最后1/3阶段,有时感染病毒与发生流产的间隔时间可能延迟,有时感染后数天即流产。感染后如果能妊娠足月,则多产出死胎或弱胎。胎儿在子宫内死亡后往往会发生浸溶。隐性感染牛也可发生流产。

种公牛与患生殖道型传染性脓疱阴道炎的母牛交配,则可被传染,发生严重的龟头、包皮炎。患牛除体温升高外,主要表现是包皮皱褶和阴茎头出现脓疱、肿胀,有时脓疱可出现于阴茎体,病程持续 1～2 周。这种病牛在交配时可传染给其他母牛,而且病公牛病变中排出的病毒可污染精液,对人工授精构成威胁,病毒在冷冻精液中也能存活。

2. 防治措施　本病尚无特效药物治疗,抗生素可以阻止细菌的继发感染,采用综合的对症治疗,并防止并发症,可减少死亡。对脓疱性外阴-阴道炎和龟头炎,可以局部使用抗生素软膏。康复后能终身免疫。皮下或肌肉注射成年牛的血清有良好的保护作用。犊牛吃母牛初乳可获得 2～4 个月的被动免疫,一般对 6 个月左右的犊牛预防注射疫苗,注射后 10～14 天即可产生免疫力,有 90％的免疫牛,其抗体可保持 3 年之久。怀孕牛一般不注射疫苗,以免引起流产。

(四)猪呼吸繁殖障碍综合征

俗称"蓝耳病",是由动脉炎病毒引起的猪的传染病。该病以母猪怀孕晚期流产、死胎、弱胎、发情延迟等繁殖障碍以及仔猪发生呼吸道症状为特征。

1. 流行病学　猪是唯一的易感动物,不分大小、性别的猪均易感,但以怀孕的母猪和 1 月龄内的仔猪最易感,并出现典型的临床症状。本病主要是通过直接接触和空气、精液传播而感染。一年四季均可发生。饲养管理不善,防疫消毒制度不健全,饲养密度过大等是本病的诱因。

2. 临床症状

妊娠母猪:表现发热,厌食,呼吸加速,呈腹式呼吸和流产、木乃伊胎、死胎、弱仔等，部分母猪耳朵、乳头、外阴、腹部、尾部发绀，以耳尖最为常见。

仔猪：体温升高达 40℃以上，呼吸困难，有时呈腹式呼吸，食欲减退或废绝，后腿及肌肉震颤，共济失调。死亡率可高达 60％～80％，耐过仔猪长期消瘦，生长缓慢。

育肥猪：育肥猪对本病易感性较差，临床表现轻度的类流感症状，呈现厌食及轻度呼吸困难。

公猪：发病率较低，症状表现厌食，呼吸加快，咳嗽、消瘦、昏睡及精液质量明显下降，极少数公猪出现双耳皮肤变色。

3.病理变化　肺脏呈红褐色花斑状，不塌陷，感染部位与健部界线不明显。淋巴结中度到重度肿大，腹股沟淋巴结最明显。胸腔内有大量的清亮的液体。显微镜下可见肺呈间质性肺炎。这些变化中，新生仔猪最明显，其次是哺乳仔猪和育肥猪，母猪、公猪病理变化不明显。病猪常因免疫功能低下而继发支原体或传染性胸膜肺炎。

防治措施：本病尚无特效药物治疗。建议污染场母猪可在配种前接种弱毒苗，仔猪在 3～4 周龄接种疫苗。此外，要加强饲养管理，严格消毒制度，切实搞好环境卫生，每圈饲养猪只密度要合理。商品猪场要严格执行“全进全出”制度。在本病流行期，可给仔猪注射抗生素和对症治疗，用以防止继发性细菌感染和提高仔猪的成活率。

(五)猪细小病毒病

猪细小病毒病是由细小病毒引起的母猪繁殖障碍性传染病。临床上以怀孕母猪流产、死胎和母猪繁殖失能为主要特征。

1.流行病学　不同年龄、性别和品种的猪都可感染，但发病常见于初产母猪。一般呈地方流行性或散发。一旦猪场发生本病后，可持续多年。感染本病的母猪、公猪及污染的精液等是本病的主要传染源。本病可经胎盘垂直感染和交配感染，以及呼吸道、消化道感染。本病的发生与季节关系密切，多发生在每年4～10月份或母猪产仔和交配后的一段时间。

2. 临床症状 猪细小病毒感染的主要症状表现为母源性繁殖障碍。感染的妊娠母猪可能重新发情而不分娩，或只产出少数仔猪，或产大部分死胎、弱仔及木乃伊胎等。怀孕中期感染母猪的腹围减小，无其他明显临床症状。另外，本病还可引起母猪发情不正常、屡配不孕等症状。

3. 病理变化 母猪流产时，肉眼可见母猪有轻度子宫内膜炎变化，胎盘部分钙化，胎儿在子宫内有被溶解和被吸收的现象。大多数死胎、死仔或弱仔皮下充血或水肿，胸、腹腔积液，肝、脾、肾有时肿大脆弱或萎缩发暗。

4. 防治措施 本病尚无特效治疗药物，通常应用对症疗法，可以减少仔猪死亡率，促进康复。发病后要及时补水和补盐，给大量的口服补液盐，防止脱水，用肠道抗生素防止继发感染，可减少死亡率。可试用康复母猪抗凝血或高免血清每天口服10毫升，连用3天，对新生仔猪有一定治疗和预防作用。同时应立即封锁，严格消毒猪舍、用具及通道等。预防本病要坚持自繁自养，防止带毒猪进入猪场；初产母猪获得主动免疫后再配种。初产母猪配种前2个月接种灭活疫苗可预防本病的发生。

（六）流行性乙型脑炎

流行性乙型脑炎，简称乙脑，是一种动物和人共患的蚊媒病毒性疾病。本病以怀孕母猪流产、死胎，公猪发生急性睾丸炎为特征。

1. 流行病学 本病流行的季节与蚊虫的繁殖和活动有很大的关系，蚊虫是本病的重要传播媒介。本病主要发生在7、8、9月份3个月内，常散发，但局部地区的大流行也时有发生。

2. 临床症状 病猪体温突然升高达40～41℃，呈稽留热，精神不振，食欲不佳，结膜潮红，粪便干燥，附有黏液，尿深黄色，有的病例后肢呈轻度麻痹，关节肿大，乱冲乱撞，最后后肢倒地而死。母猪感染乙脑病毒后无明显临床症状，只有母猪流产或分娩时才发现产生死胎、畸形胎或木乃伊胎等症状，分娩时间多数超过预产期数日。公猪常发生睾丸炎，多为单侧性，少为双侧性的。初期睾丸肿胀，触诊有热痛感，数日后炎症消退，睾丸逐渐萎缩变硬，性欲减退，并通过精液排出病毒，精液品质下降。

3.病理变化　早产仔猪多为死胎，大小不一，黑褐色，小的干缩而硬固，中等大的茶褐色、暗褐色。死胎和弱仔的主要病变是脑水肿、皮下水肿、胸腔积液、腹水、脑膜和脊髓膜充血。

4.防治措施　消灭蚊虫是消灭乙型脑炎的根本办法。猪用乙脑弱毒疫苗进行免疫。注射剂量为 1 毫升。接种疫苗必须在乙脑流行季节前使用，一般要求 4 月份进行疫苗接种，最迟不宜超过 5 月中旬。

参 考 文 献

[1] 王锋,王元兴.牛羊繁殖学.北京:中国农业出版社,2003.

[2] 岳文斌,等.动物繁殖新技术.北京:中国农业出版社,2003.

[3] 孙飞舟,卫国庆.简明养鹿手册.北京:中国农业大学出版社,2002.

[4] 岳文斌,张建红.动物繁殖及营养调控.北京:中国农业出版社,2004.

[5] 赵世臻.茸鹿繁育新技术.北京:中国农业出版社,2004.

[6] 王爱国,等.现代实用养猪技术.北京:中国农业出版社,2003.

[7] 冀一伦,等. 实用养牛科学.北京:中国农业出版社,2001.

[8] 张忠诚,等. 家畜繁殖学. 北京:中国农业出版社,2004.

[9] 张周,等. 家畜繁殖. 北京:中国农业出版社,2001.

[10] 李青旺,武浩,等.动物繁殖学.西安:西安地图出版社,2000.

[11] 郑中朝,白跃宇,张雄. 新编科学养羊手册.郑州:中原农民出版社,2002.

[12] 刘太宇.畜禽生产技术.北京:中国农业大学出版社,2004.

[13] 刘太宇.养牛生产.北京:中国农业大学出版社,2008.

图书在版编目(CIP)数据

家畜繁殖技术手册/刘太宇主编. —北京：中国农业大学出版社，2009.9

ISBN 978-7-81117-779-4

Ⅰ. 家… Ⅱ. 刘… Ⅲ. 家畜繁殖-技术手册 Ⅳ. S814-62

中国版本图书馆 CIP 数据核字(2009)第 091466 号

书　名 家畜繁殖技术手册

作　者 刘太宇　主编

策划编辑 赵　中　　**责任编辑** 王艳欣

封面设计 郑　川　　**责任校对** 陈　莹　王晓凤

出版发行 中国农业大学出版社

社　址 北京市海淀区圆明园西路 2 号　　**邮政编码** 100193

电　话 发行部 010-62731190,2620　　读者服务部 010-62732336

编辑部 010-62732617,2618　　出　版　部 010-62733440

网　址 http://www.cau.edu.cn/caup　　**e-mail** cbsszs@cau.edu.cn

经　销 新华书店

印　刷 北京时代华都印刷有限公司

版　次 2009 年 9 月第 1 版　　2009 年 9 月第 1 次印刷

规　格 850×1 168　32 开本　7.375 印张　180 千字

印　数 1～4 000

定　价 13.00 元

责任编辑：王艳欣
封面设计：郑　川

家畜繁殖技术手册

JiaChu FanZhi JiShu ShouCe

新农村农业技术培训系列丛书

农民子女教育手册

王荣菊　孙建国　编著

科学普及出版社
POPULAR SCIENCE PRESS